高职高专 制药技术类专业 教学改革系列教材

制药企业资源回收与利用

张雪荣　主编
陈　慧　副主编
杨永杰　主审

化学工业出版社
·北京·

“资源回收与利用”是一门综合性应用技术，本教材包括九章内容，以资源、循环经济与生态工业、清洁生产、资源回收为切入点，对液体、气体、固体资源进行分析与处理，对能源使用中的回收与利用问题进行介绍，并联系我国化学合成制药、生物制药、生化制药、中药制药等药品生产企业实际，对典型制药单元操作中的资源回收进行了分析。

本书可作为高职高专制药技术类专业及相关专业的教材，也可作为相关企业职工培训教材，还可供制药企业从事节能、减排、降耗等有关技术人员参考。

图书在版编目（CIP）数据

制药企业资源回收与利用/张雪荣主编．—北京：化学工业出版社，2011.1（2021.8重印）
高职高专制药技术类专业教学改革系列教材
ISBN 978-7-122-10082-5

Ⅰ．制…　Ⅱ．张…　Ⅲ．制药工业-废物综合利用-高等学校：技术学院-教材　Ⅳ．X787

中国版本图书馆CIP数据核字（2010）第238141号

责任编辑：于　卉　　文字编辑：王新辉
责任校对：宋　玮　　装帧设计：关　飞

出版发行：化学工业出版社（北京市东城区青年湖南街13号　邮政编码100011）
印　　装：天津盛通数码科技有限公司
787mm×1092mm　1/16　印张9　字数223千字　　2021年8月北京第1版第6次印刷

购书咨询：010-64518888　　售后服务：010-64518899
网　　址：http://www.cip.com.cn
凡购买本书，如有缺损质量问题，本社销售中心负责调换。

定　　价：32.00元

高职高专制药技术类专业规划教材
编审委员会

前　言

近年来，我国制药行业迅猛发展，虽然生物和化学合成技术不断提高，但工艺过程中仍然存在着反应不完全和分离不完全造成的物料损失、中间体形成及使用过程中的损失和产品的废弃等资源利用问题。我国人口众多，资源有限，由于生产和生活中资源的不合理利用使资源短缺程度加剧。因此，在制药技术类专业高等职业教育中，非常有必要开展资源"国情"教育，使每一个制药企业员工树立节约意识，掌握节能、减排、降耗的技术和方法，有效地实施资源回收与利用，以促进我国经济可持续发展。

全国化工教育协会高职教育教学指导委员会制药技术类专业委员会于2008年在南宁召开了新一轮制药技术类专业改革与建设研讨会，指出高等职业教育院校肩负着高素质、高技能岗位技术人员的培养工作，其教材建设必须顺应时代发展需要，要结合制药企业岗位（群）工作需要，以职业能力培养为主线，以岗位工作过程为导向，以完成相应岗位工作任务所需的知识、技能、素质为主要内容，修订和编写"高职高专制药技术类专业教学改革系列教材"，把《制药企业资源回收与利用》增为系列教材之一。

根据新修订的制药技术类专业人才培养目标要求，工科类高等职业院校应培养学生掌握生产过程中具有共性的、普遍规律的技术。资源回收与利用涉及内容较多，本教材的整体设计体现由易到难、由简单到复杂、由分项至综合的思路，理论知识遵循必须够用的原则，实践内容以实例分析为重点，突出知识应用能力的培养，做到了主线清晰，重点明确，达到指导读者快速掌握资源回收与综合利用基础知识的目的。作为一门应用课程，本书注重理论与实践相结合，每个章节都列举了相关的应用实例，以提高学生分析问题、解决问题的能力。

《制药企业资源回收与利用》课程的主要任务是使学生了解药品生产中实施资源回收、循环经济与生态工业、清洁生产的必要性；通过实例分析，学会利用各种技术对生产过程中的资源进行综合分析，从而掌握资源回收与利用的实施途径、分析与处理方法。本书首先介绍了资源、循环经济与生态工业、制药工业清洁生产、制药企业资源回收等基本知识，然后分别介绍了液体、气体、固体资源的分析与处理技术，能源的回收与利用技术，最后对典型制药单元操作的资源回收进行了分析。为方便学习，每章前有学习目标，每章后有思考题。

本教材由制药技术类专业教师和制药企业工程技术人员共同编写。张雪荣（河北化工医药职业技术学院）为主编，陈慧（河北化工医药职业技术学院）为副主编。全书共分九章，其中：第一章由张雪荣编写，第二、第三、第五、第七章由陈慧编写，第四章由田广辉（河北中润生态环保公司）和张之东（河北化工医药职业技术学院）共同编写，第六、第八章由孙皓（天津渤海职业技术学院）编写，第九章由张雪荣和陈慧共同编写。全书由杨永杰（天津渤海职业技术学院）主审。

本书在编写过程中得到了编者所在单位的大力支持和同事们的热情帮助，在此表示衷心感谢。

由于编者水平和经验所限，编写时间仓促，书中难免存在疏漏之处，敬请广大读者批评指正。

编　者

2010年10月

目　　录

第一章　绪　　论

【学习目标】

① 了解资源的概念、分类和特性；

② 理解资源、环境与可持续发展的关系；

③ 通过实例分析，掌握资源回收与综合利用的意义；

④ 树立保护环境的意识，学会寻找提高资源利用率的途径。

第一节　资源概述

一、资源的概念

资源，从广义来讲，是在人类社会经济发展过程中可以用来创造财富的一切有用要素，是人类社会生存和发展的基石，包括自然资源和社会资源两方面的内容。社会资源的开发利用又是以自然资源为先决条件的。在人口、资源与环境经济学中，资源一般被界定为其狭义的一面，即自然资源，是指可以被人类利用的自然状态的物质。

自然资源一词有多种解释，《辞海》一书解释为“天然存在的自然物（不包括人类加工制造的原材料），是生产的原料来源和布局场所，随着社会生产力的提高和科学技术的发展，人类开发利用自然资源的广度和深度也在不断增加。”《英国大百科全书》解释为“人类可以利用的自然生成物，以及形成这些成分的源泉的环境功能。”联合国环境规划署的解释为“在一定时间和地点条件下，能够产生经济价值的以提高人类当前和未来福利的自然环境因素和条件。”《中国资源科学百科全书》解释为“自然资源是人类可以利用的、自然生成的物质和能量。它是人类生存与发展的物质基础。”

上述这些对自然资源的解释包含了天然性、时间性，同时也把环境功能纳入到自然资源的范畴，说明自然资源是不依赖人力而天然存在于自然界的有用物质要素。

自然资源的范畴随着人类社会发展和科学技术进步而不断丰富，原先无价值或未利用的自然物质，现在或将来都可能变为资源，但仍远远不能满足人类社会对自然资源的需求。传统的工业发展模式，使自然资源的开发和消耗超出了自然资源的承载能力，阻碍了社会经济的发展。

目前，世界各国都在实施可持续发展战略。在可持续发展战略的三大要素（人口、资源、环境）中，由于人口的迅速增长和经济发展的不断需要，资源的开发利用已处在核心地位。人口的控制程度主要取决于资源的支撑能力，而环境污染主要是人们对资源滥用造成的。因此，实现可持续发展的重要制约因素是资源的合理开发以及资源的可持续综合利用问题。在开发、利用资源的同时，要营造一个自然和谐的生态环境，形成人类可持续发展的局面。

二、自然资源的分类

自然资源的分类方法很多，比较常见的是按资源有限性来划分，分为耗竭性资源（有限资源）和非耗竭性资源（无限资源）两类。

1. 耗竭性资源和非耗竭性资源

耗竭性资源，指在对人类有意义的时间范围内，资源的质量保持不变，资源贮藏量不再增加的资源。这类资源利用一点就消耗一点，因此最终会导致耗竭。这类自然资源减少乃至枯竭的原因，几乎都可以归结到人类活动的影响。非耗竭性资源是指自然界生成的数量丰富而稳定，而且几乎不会因为人类社会经济活动对其的利用而导致枯竭的资源。

必须指出的是，自然资源的耗竭性和非耗竭性之分是具有相对性的，其主要的参照系就是人类社会经济活动所产生的需求与地球资源系统的现实及潜在的供给能力。在人类数量规模很小，对某种自然资源的利用和索取量相对于该种自然资源的存量很小的情况下，可以认为这种资源是非耗竭性资源。相反，某些自然资源，从自然界的生成机理来看，似乎是无限可利用的，例如太阳能、风能、水等。但人类活动也会对这些资源的质量本身或其利用条件产生影响。例如，地球生物圈内水资源总量几乎不变，但人类活动导致相当多的水资源不能直接利用或区域性水资源短缺。

2. 可再生资源和不可再生资源

耗竭性资源根据其生成和使用过程的内在特点，又可分为可再生资源和不可再生资源。可再生资源，指能够通过自然力量增加蕴藏量的自然资源。不可再生资源，指本身没有自我循环生长能力，随着人类的使用而日渐消耗减少的自然资源。

只要使用得当，可再生资源会不断得到补充、再生，但可再生资源毕竟属于耗竭性资源，人们对其的开发利用必须合理有度，否则就会破坏可再生资源的再生条件。这个“度”就是该种自然资源在自然条件下再生的速度和规模以及其正常再生过程的必要环境条件，它是人类利用该自然资源的极限。超过了这个“度”，再生资源就会日渐枯竭，控制在这个“度”内，人类就可以长期循环往复地利用它获取稳定的经济福利。

不可再生资源大体又有两种情况：一是在使用过程中和使用后，可以重新回收和再次使用，被称为可回收的不可再生资源，如金属矿物质，但回收利用的效率总是小于100%，使得资源最终被耗竭；二是资源本身在使用过程中消耗殆尽，或转化成其他形态的物质，没有剩余可以利用。如石油、天然气等能源在消耗的过程中，转化为热能，这就是一次性能源。不可再生能源的特点及其有限性，提醒人们应该尽量提高资源使用效率，注意资源的回收利用，以及尽可能用可再生资源替代不可再生资源。

三、资源的特性

资源的种类很多，各类资源的结构、功能、分布和储量各不相同，从其定义和分类可以看出，它们又有许多共同的特性。

1. 整体性

各类资源共同存在于自然生态环境中，如水资源、土地资源和生物资源等，它们之间相互依存、相互制约，构成一个和谐的整体，若其中一类资源的数量发生较大的变化，必将破坏生态系统。因此，资源的利用应该统筹规划，合理安排，以保持生态系统的平衡。

2. 区域性

不同区域内自然资源的种类、数量、质量等有很大的差异，如矿产资源、石油资源等，而这种差异使得区域经济发展极不平衡。因此，资源的利用应因地制宜，依据区域资源的特点，合理安排经济的布局、规模和发展。

3. 两重性

自然资源一方面具有社会有效性，这是区别于自然物质的根本所在；另一方面，自然资源又属于生态环境的一部分，不能随意破坏，否则将使人类难以生存，经济不能得到发展。如果仅仅从一个方面利用资源，人类就很难从这类资源中获得最大的效益。因此，对自然资源不仅要进行开发利用，还要进行管理和保护，使之能长久地为人类服务。

4. 有限性

自然资源在一定的时间和空间内，其数量是有限的，即便是可再生资源，其再生能力也需要时间和环境作保障，才能使资源得到永续利用；人类在开发利用资源时，必须重视资源的这一特性，以免自然资源和生态环境遭到破坏。

5. 多用性

同一种自然资源，可以有多种功能和多种用途，在选择功能和用途时，要重点考虑其资源的利用率和对环境造成的影响，当资源的利用率较高时，产生的废弃物才能较少，才能获得较好的经济效益、生态效益和社会效益。

第二节 资源、经济、环境

一、资源利用

自然资源是人类赖以生存的物质基础，人类在开发利用自然资源的同时，也在破坏环境、消耗资源。最初人类数量少，智力水平低，对自然的影响微不足道。随着人类智力的发展和技术经验的积累，使得人类对自然资源的利用能力加强，促进了社会的发展。

进入 20 世纪，由于科学技术的发展，人类利用自然资源的数量和种类急剧增加，创造了前所未有的物质财富，使得全世界人口数量快速增长，生活水平不断提高，对自然资源的利用量迅速扩大，加速推进了世界文明发展的进程。人类对自然资源需求的急剧上升，将迅速超过地球上自然资源的存量，造成资源的过度消耗，甚至枯竭。因此，经济的发展正在破坏它本身赖以存在的物质基础。

中国的资源状况令人担忧。一是人均资源占有量相对不足，人均占有土地面积仅为世界平均数的 1/3，人均水资源居世界第 109 位，人均矿产资源居世界第 5 位；二是资源结构不理想，质量相差悬殊，其中矿产资源贫多富少，中小型矿多，大型超大型矿少；三是资源分布不均衡，资源开发利用受到制约，使我国资源供需矛盾十分尖锐。由于我国资源利用效益不高，开发利用受到各种条件的限制，严重影响着我国的经济发展。

二、资源与可持续发展

持续发展的基本内容包括社会持续、生态持续、经济持续三个方面。生态持续是基础，经济持续是条件，社会持续是目的，三者相互依存、相互促进，最终目标是保证“生态—经济—社会”复合系统的持续、稳定、健康发展。

在中国的持续发展战略上，与其说环境保护问题重要，不如说资源问题更重要。只有抓住资源这个主要矛盾，才能有效地解决环境、生态问题。资源的综合开发利用与可持续发展息息相关，因此，应尽可能减缓对自然资源的开采，并最大限度地节约资源和能源，也必须最有效地开展二次资源的再生利用，扩大资源来源，保证人类社会可持续发展。

资源的再生利用在合理开发利用资源、保护生态环境以及我国实施可持续发展战略中占突出地位。资源再生利用过程应尽可能做到废弃物的回收与综合利用，降低需要治理的废弃物总量，减少环境治理的投资，为最终治理达标排放创造条件。在环境工程中，单纯运用“三废”处理的基本方法和手段来分离除去污染物，往往较难奏效，且分离难度很大。必须在治理污染的基础上针对被分离物有价组分的性质，采取特殊的手段，进行深层次加工处理，以便获得可再生利用的产品。

三、资源与环境问题

1. 资源与环境的关系

人类产生于自然环境，环境是人类生活的空间和条件，环境的主要构成因素是资源，资源是人类生存发展的支持保障系统，是维持国民经济持续发展的物质基础。因此，人类的不断增长和各种需求使经济、资源与环境三者紧密地联系在一起。

经济发展需要消耗大量的资源，20 世纪 70 年代爆发的两次“石油危机”便是极好的例证，它给经济系统敲响警钟；据预测，按照现在的消耗速度，到 21 世纪中叶，全球的石油、天然气将趋于枯竭。经济发展也会对环境造成破坏，如造纸、化学和金属工业等产生的大量废水排入自然环境中，破坏了大量的水资源，造成可直接利用的水资源匮乏。

2. 环境问题

环境问题的产生经历了一个从轻到重、从局部到区域再到全球的发展过程，贯穿于人类发展的整个阶段。但在不同历史阶段，由于生产方式和生产力水平的差异，环境问题的类型、影响范围和程度也不尽一致。依据环境问题产生的先后次序和轻重程度，环境问题的发生与发展可大致分为三个阶段：自人类出现直至工业革命为止，为早期环境问题阶段；从工业革命到 1984 年发现南极臭氧空洞为止，为近现代环境问题阶段；从 1984 年发现南极臭氧空洞，引起第二次世界环境问题高潮至今，为当代环境问题阶段。

18 世纪中叶，以蒸汽机发明而兴起的工业革命，给人类带来工业化、城市化和科学技术的进步；进入 20 世纪，电的发明以及在工业中的应用，使得人类的生产力大幅度增长。然而，随着工业化的不断深入，工业生产排放的废弃物无节制地排入环境，污染问题和生态破坏也以前所未有的速度发展，终于形成了大面积乃至全球性公害。到目前为止，已经威胁人类生存并已被人类认识到的环境问题主要有全球变暖、臭氧层破坏、酸雨、淡水资源危机、能源短缺等。

在人类活动和经济发展中，环境问题的实质有以下几点：①人类向环境索取资源的速度超过了资源本身及其再生品的生成速度。②生产活动中，从大量的矿产原料、生物原料中提取人类需要的产品，同时排放大量不需要的“废物”；生活中使用的物品用了就扔，也产生了大量的抛弃“废物”。这些“废物”超过了环境的自净能力，因而造成生态平衡破坏和环境污染。

中国的人均资源拥有量远远低于世界平均水平，而且我国的科学技术水平不高，生产手段相对落后，使得资源利用率不高，向环境中排放的废弃物较多，因此必须重视环境保护，合理开发和利用资源，才能促进我国经济发展。

第三节　资源回收与综合利用

资源回收与综合利用的目的是使物料加以回收，返回到流程中或经适当的处理后作为原料回用。企业资源回收有下列几种形式：将回收流失物料作为原料，返回到生产流程中；将生产过程产生的废料经适当处理后作为原料或替代物返回生产流程中；废料经处理后作为其他生产过程的原料应用或作为副产品回收。我国目前绝大多数可回收废弃物由于种种原因而被填埋，在造成污染的同时还造成资源的大量浪费。因此，企业要结合自身的实际情况，按照源头消减、综合利用的原则，实施资源回收，实现发展生产和保护环境的双重目标。

目前，世界各国都处于经济高速发展时期，资源回收与综合利用问题已成为影响一个国家可持续发展的重要问题。通过加强资源管理与保护，提高资源利用率，开展资源的综合利用，以实现资源的高效和合理利用。

一、加强资源的管理与保护

资源管理与保护是相辅相成的，管理与保护的目的是为了永续利用好资源。良好的管理是利用好资源的基础，也是保护好资源的前提；保护就是为了使资源在相当长的时期为国民经济提供富有保证的物质来源。

中国的资源开发利用伴随着国民经济曲折的发展过程走过很大的弯路，资源破坏和资源浪费给当前的经济发展造成了很大的压力，特别需要加强资源的管理与保护。中国的资源管理与保护发展很快，到目前为止已颁布了水、土、矿产、生物、森林、草原等资源法，在实践中取得了巨大的成绩，普及资源管理与保护的意义和知识，增强每一个人合法利用和保护资源的责任感和使命感；健全和完善法治，使资源管理与保护的立法、执法更为有效；加强资源管理与保护的专业队伍建设，使对资源的管理与保护真正落实到位；更多地运用经济手段进行资源管理与保护，形成全国统一的资源市场，建立合理的资源价格体系，完善资源核算制度，发挥经济杠杆的作用，变资源的低价、无偿使用为市价、有偿使用，更好地提高资源使用效果。

二、提高资源利用率

提高资源利用率主要有两种途径。一是提高生产环节和过程的利用率。大工业生产使资源开发利用要流经许多环节和过程，这些环节和过程再通过企业内部、企业之间、甚至区域之间的分工协作联系起来，从一个环节到另一个环节、从一个过程到另一个过程，由于资源在空间中的传输有一定比例的物质和能量损耗，若每一环节和每一过程都注意节约，总的资源利用率将有较大幅度的提高。比如中国灌溉水利用率可提高 20%～30%，工业用水利用率可提高 30%～40%，矿产资源利用率可提高 10%～20%，能源利用率可提高 20%，每年浪费粮食 600 万～1000 万吨，可见提高中国资源利用率还有很大的潜力。二是提高资源配比利用率。绝大部分资源利用都是以两种或两种以上资源配比而成的，通过优化配比可以改善资源产品的性能和品质，以达到用量少、功效高的目的。如等量的钡钛钢铁是普通钢量的 1.2～1.4 倍，汽柴油混合并加一定乳化剂则利用率大为提高，类似配比的还有合金、合材、合料等，可见用科学的配比利用资源能发掘巨大的资源利用率。

三、资源回收与综合利用

资源是国民经济和社会发展的物质基础，是 21 世纪全球关注的热点之一，同时，资源又是企业赖以生存和发展最基本的要素。目前，我国经济发展面临着资源紧缺、环境污染和快速增长等多重压力，推行循环经济这一新发展模式是必然选择，循环经济是以资源的反复利用为核心，再生资源回收利用是实现资源宏观循环的主要环节。因此，资源的持续利用是工业可持续发展的前提。

工业生产作为物质转化过程，其输入端是资源，输出端是产品和废弃物。随着科学技术的发展，工业规模的增长，资源的利用范围不断扩大，新产品、新的工业生产部门不断涌现，产品和废弃物的数量和种类也不断增多。随着工业发展和人们生活水平的提高，各种废弃物与日俱增，必须高度认识废物回收利用的重要性和树立利用二次资源的紧迫感，必须把生产过程和消费过程视为一个整体，把原料—生产—产品使用—废物—弃入环境这种传统的开环系统变为原料—生产—产品使用—废物—二次资源的闭环系统，使原料资源进入社会后，能在生产与消费过程中实现多次循环。这个过程的演变经历如图 1-1～图 1-4 所示。

从图中可以看到，企业实施资源回收利用的主要作用是：通过对废弃物的回收、加工、处理，实现资源的再生利用，减少对自然资源的耗费；通过对废弃物的回收、加工和处理，

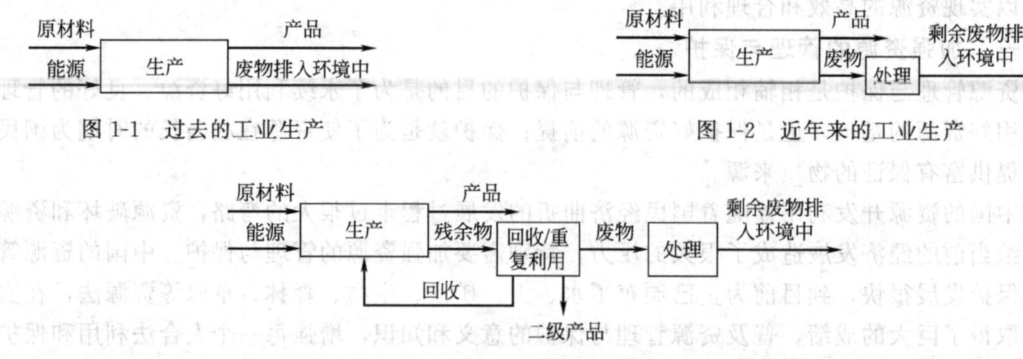

图 1-1　过去的工业生产

图 1-2　近年来的工业生产

图 1-3　目前的污染预防

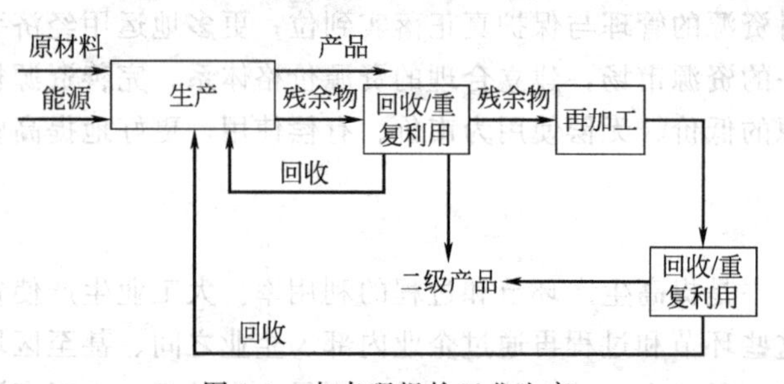

图 1-4　未来理想的工业生产

控制直接排放进入自然系统的废弃物，降低对自然环境造成的污染破坏。

资源回收具有以下特点。

(1) 具备鲜明的目的性　资源回收是一种变废为宝发展经济的捷径，通过资源回收，可以收回多种原料和能源，也可以保护生态环境，具有很强的目的性。

(2) 突出预防性　资源回收的目标就是减少废弃物的产生，从源头削减对环境造成的污染，以达到预防的目的，这个思想贯穿在整个过程的始终。

(3) 符合经济性　污染物一经产生需要花费很高的代价去收集和处理，使其无害化，这也就是末端处理费用往往使许多企业难以承担的原因；而资源回收把企业治污转为走资源化之路，不仅可减轻末端处理的负担，同时污染物在其成为污染物之前就变为有用的原材料，从而最大限度地提高资源的利用率，减少废物的排放；减少废物的产生就相当于增加了产品的产量和生产效率，可大大改善企业生产环境，提高企业经济效益。

(4) 持续性　资源回收是实现可持续发展的重要战略措施之一，其显著效果需要相当长的时间才能够逐渐显现出来，所以企业必须持续实施资源回收，不断改进工艺，减少污染的产生和排放，最终才能为企业带来效益。

(5) 注重可操作性　资源回收的每一个步骤均要与企业的实际生产情况相结合，不漏过任何一个资源回收的机会；而在方案实施上则是灵活的，即当企业的经济条件有限时，可先实施一些无/低费方案，以积累资金，然后再逐步实施中/高费方案。

资源综合利用的范围和意义比提高资源利用率更广，它包括资源在整个循环中的综合利用及生产、流通、消费过程中的废弃物综合利用。加强资源综合利用，具有显著的经济效益、社会效益和环境效益。

思考题

1. 资源包括哪几方面的特性？

2. 简述资源、经济、环境之间的关系。

3. 提高资源利用率的途径有哪些？

4. 如何理解资源回收的特点？

第二章　循环经济与生态工业

【学习目标】

① 了解循环经济产生的背景、循环经济与传统经济的区别，国内外生态工业的建设和发展；

② 理解循环经济是制药企业可持续发展的必然选择；

③ 通过实例分析，掌握循环经济的基本原则；

④ 树立循环经济与生态工业的意识，学会用3R原则分析药品生产中的各类行为。

第一节　循环经济

一、循环经济的产生

有这样一则新闻，美国国际空间站上将于2008年10月启用一种“尿液循环机”，将宇航员的尿液、汗液等转化成干净的饮用水。美国人为什么在空间站上要用“循环水”来替代“地球水”呢？答案很简单，因为“地球水”太贵！据报道，以国际空间站上每个宇航员平均每天使用大约4.4升水计算，每名宇航员每天花费的水价高达48400美元，光喝一杯水就得花3000美元。宇航员喝的是用货运飞船运来的“地球水”，再把用过的废水和人体排出的尿液和水汽收集起来打包丢出空间站，这种“取—用—弃”的用水方式是一种不重视资源和环境的行为，如果采取循环经济的思想，用“循环水”代替“地球水”将会是一种更好的选择。

早在20世纪60年代开始出现循环经济的思想萌芽。“循环经济”一词，首先由美国经济学家鲍尔丁提出，主要指在人、自然资源和科学技术的大系统内，在资源投入、企业生产、产品消费及其废弃的全过程中，把传统的依赖资源消耗的线形增长经济，转变为依靠生态型资源循环来发展的经济，这就是著名的“宇宙飞船经济理论”。这一理论可以作为循环经济的早期代表，其内容主要是地球就像在太空中飞行的宇宙飞船，要靠不断消耗自身有限的资源而生存，如果不合理利用资源、破坏环境，就会像宇宙飞船那样走向毁灭。因此，宇宙飞船经济要求一种新的发展观，即必须改变传统的“单程式消耗型经济”，建立既不会使资源枯竭，又不会造成环境污染和生态破坏，能使各种资源循环的“循环式经济”。

传统的“单程式消耗型经济”采取的是“资源—产品—废物排放”的单方向经济活动流程，这是一种高开采、低利用、高排放的线性经济。这种经济发展模式导致有限的地球资源被大量开采，造成资源的迅速枯竭；产品数量的增多及功能更新速度的加快，使人们对某一产品的使用周期在逐渐缩短，造成废物产生数量及速度加快；大量的废物排放，增加了废物治理的负担。在治理过程中，不仅会造成环境的二次污染，如山东某药厂生产庆大霉素废水处理工艺流程如图2-1所示，废水经过曝气、生物接触氧化二次处理后，所得污泥还需要进一步焚烧处理，造成二次污染。而且废物治理还会消耗更多的资源，如4-甲酰氨基安替比林是合成解热镇痛药安乃近的中间体，在生产过程中要产生一定量的废母液，其中含有许多必须除去的树脂状物，这种树脂状物不能用静置的方法分离，常采用在此废母液中加入浓硫酸铵水溶液，并用蒸汽加热，使其相对密度增大到1.1，使大量的树脂沉淀，从而将树脂状物从母液中分离出来；再如，铬渣中常含有可溶性的六价铬，对环境有严重危害，常利用还

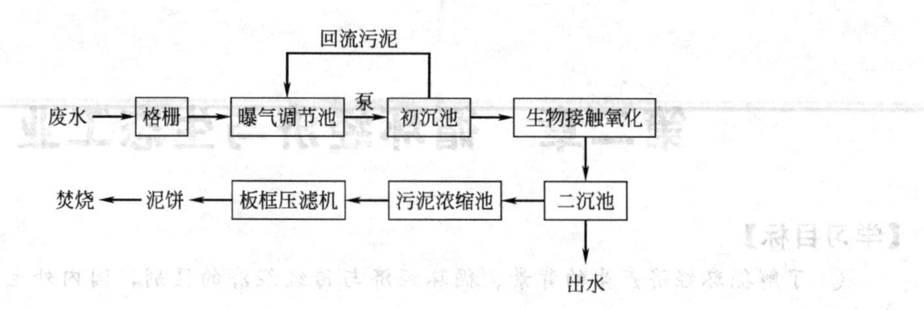

图 2-1 废水处理工艺流程

原剂将其还原为无毒的三价铬，从而达到消除六价铬污染的目的。

在传统的工业生产过程中，企业以获得尽可能多的经济利益为根本出发点，把关注的重点都放在了如何生产更多的能满足消费者需求的产品，如何使产品的功能更为强大，甚至有些产品由于具备了使用方便的功能，从而减短了其使用寿命等。上述这些做法从未考虑过由于产品数量增加及功能增强而引起的资源消耗量加快、废物排放量增多等带来的一些潜在问题。

随着社会的进步和人们环境意识的提高，逐渐认识到传统经济存在的种种弊端，并且意识到这些弊端是由于高开采、低利用、高排放的线性经济模式造成的，为此提出了应在资源环境不退化甚至得到改善的前提下发展经济。特别是在 20 世纪 90 年代，随着人类对生态环境保护和可持续发展理论认识的不断深入，循环经济得到越来越多的重视和飞速发展。

“循环式经济”与“单程消耗型经济”有着本质上的不同，循环经济采取的是“资源—产品—再生资源”的循环往复式的经济活动流程，本质上是一种生态经济，它运用生态学原理指导人类社会的经济活动，以资源的高效利用和循环利用为目标，以“减量化、再利用、再循环”为原则，以物质闭路循环和能量梯次使用为特征，以“低开采、高利用、低排放”为特征，按照自然生态系统物质循环和能量流动方式运行经济，这种发展模式强调的是在生产系统中资源通过不断循环往返，得到合理而持久的利用。循环经济对资源的利用是集约型的、多次的，通过废物转化为再生资源来减少资源的开采，避免资源过早枯竭，同时又减少了废物的排放，甚至达到“零排放”，降低了环境污染的风险，消除了经济增长与资源环境之间长期的尖锐冲突，取得了资源、经济、环境三方面的收益。

目前，在美国、德国、日本等发达国家，循环经济正成为一股潮流和趋势。我国是一个发展中国家，正处于社会主义初级阶段，人口多，人均资源占有率少，多年来，我国一直实行的是粗放型的经济发展模式，导致资源被大量开采使用，生态环境被严重破坏，这些问题要求我们必须走循环经济的道路，才能解决资源、经济、环境之间的矛盾，提高我国在国际上的综合竞争力。近年来，循环经济已逐步成为指导中国经济发展和环境保护“共赢”的重要指导原则和发展战略，发展循环经济已被提升到落实科学发展观和全面建设社会主义和谐社会的战略高度。为了促进循环经济发展，提高我国资源利用效率，保护和改善环境，实现可持续发展，自 2009 年 1 月 1 日起开始施行《中华人民共和国循环经济促进法》。

二、循环经济的基本原则

1. 三个原则（3R 原则）

在循环经济的实践中必须遵守“减量化（Reduce）、再利用（Reuse）、再循环（Recycle）”的基本原则，即 3R 原则。该基本原则具有较广泛的适用性，既可以指导和约束生产和消费领域中的各类行为，也可以融入各类发展规划中，引导经济社会的管理活动朝着更加合理和协调的方向发展，3R 原则的成功实施已成为循环经济健康和顺利发展的关键。

（1）减量化原则　减量化原则针对的是整个生产系统或整个消费环节的输入端，是指尽量减少进入生产或消费过程的物质和能量，减少资源的使用，使生产同样数量产品所用的资源最少。在生产过程中，减量化原则常表现为不采用有毒有害物质，减少输入系统的物料量，节能、节材及节约土地，要求产品包装追求简单朴实而不是豪华浪费，产品功能增大化，减少废物的产生和排放；在消费环节中不要铺张浪费，不要过度消费，反对使用一次性用品。减量化原则通过控制输入端的减量，一方面节约了资源，另一方面可使输出端的废弃物数量减少，降低末端治理的负担和成本。

减量化原则可以通过减少生产单位产品使用的原料量、提高转化率、降低损失率、减少“三废”排放量、改进产品工艺设计、改进产品包装等具体措施来实现。如 1998 年索尼公司对大型号电视机的泡沫塑料（EPS）缓冲包装材料进行改进，采用八块小的 EPS 材料分割式包装来缓冲防震，减少了 40% 的 EPS，也减少了包装材料的废弃量；再如目前我国推行的办公自动化（OA）系统，也称之为“无纸化办公系统”，避免了大量的纸张浪费；而在农业生产中，随着科技的发展，可以通过电磁波干扰来预防虫灾虫害，以减少各种化学杀虫剂的使用。

在制药行业中，布洛芬生产已遵循减量化原则改进了生产工艺。布洛芬是一种非甾体消炎镇痛药，其消炎、镇痛及解热作用比阿司匹林大 16～32 倍，因此常被用于消肿和消炎。原来的布洛芬合成采用 Boot 公司的 Brown 合成方法，从原料到产品需以下六步反应：

$$C_6H_5CH_2CH(CH_3)_2 \xrightarrow[AlCl_3]{(CH_3CO)_2O} (CH_3)_2CHCH_2C_6H_4COCH_3 \xrightarrow[ClCH_2COOC_2H_5]{C_2H_5ONa} (CH_3)_2CHCH_2C_6H_4-\underset{\text{O 环氧}}{C(CH_3)-CH}COOC_2H_5$$

$$\xrightarrow{NaOH} (CH_3)_2CHCH_2C_6H_4-\underset{\text{O 环氧}}{C(CH_3)-CH}COONa \xrightarrow{\text{水蒸气}} (CH_3)_2CHCH_2C_6H_4-CH(CH_3)-CHO \xrightarrow{AgNO_3,KOH}$$

$$(CH_3)_2CHCH_2C_6H_4-CH(CH_3)-COOK \xrightarrow{HCl} (CH_3)_2CHCH_2C_6H_4-CH(CH_3)-COOH$$

而 BHC 公司后来发明了生产布洛芬的新方法，该方法只采用以下四步反应即可得到产品布洛芬：

$$C_6H_5CH_2CH(CH_3)_2 \xrightarrow[HF]{(CH_3CO)_2O} (CH_3)_2CHCH_2C_6H_4COCH_3 \xrightarrow[H_2]{\text{Raney Ni}}$$

$$C_6H_5CH_2CH(CH_3)_2 \xrightarrow[AlCl_3]{(CH_3CO)_2O} (CH_3)_2CHCH_2C_6H_4COCH_3 \xrightarrow[ClCH_2COOC_2H_5]{C_2H_5ONa} (CH_3)_2CHCH_2C_6H_4-\underset{\text{O 环氧}}{C(CH_3)-CH}COOC_2H_5$$

采用新发明的方法生产布洛芬，缩短了工艺路线，减少了原料使用的种类和数量，使废物量减少了 37%，BHC 公司因此获得了美国“总统绿色化学挑战奖”的变更合成路线奖。

（2）再利用原则　再利用原则是指在资源开发过程中就考虑合理开发和资源的多级重复利用，属于过程性方法。在生产工艺体系设计中考虑资源的多级利用，尽量使资源被多次使用；在流通和消费阶段尽量延长产品的使用寿命，避免资源或物品过早的成为废物，即延长使用生命周期，提高产品和资源的利用效率，从而减少废物的排放量。

遵循再利用原则的设计很多。如在制造业，可以使用国际通用标准尺寸进行设计生产，使用户很方便地更换部分部件，而不必更换整个物品。在化学工业生产中使用的催化剂、载体等，一般均设计成为可重复使用的结构，如美国布鲁克海文实验室的化学家开发出一种新型钨基催化剂，它溶解在反应物中，可使化学反应中的几种反应物完全反应，全部转化为所需产物，该催化剂在反应结束时，以固体形式沉淀析出，不需要用溶剂或采用其他步骤就可将催化剂同产品分离开来，很容易回收并可重复使用，不产生任何废弃物。在消费领域，提倡消费者购买耐用的商品，减少一次性用品的使用；强调通过强化服务等手段，尽可能延长产品的使用寿命，从而减少废弃物。

（3）再循环原则　再循环原则也称资源化原则，属于输出端方法。即将源头不能削减的污染物或完成使用价值的废物，通过一定的技术手段把废物变成资源而得到循环使用。这样既可以减轻废物后处理的负担，又可以减少新资源的使用。再循环有两种情况：一种是原级再循环，即废物被循环用来产生同种类型的新产品，如报纸回收再生报纸，易拉罐回收再生易拉罐等；另一种是次级再循环，即将废物资源转化成其他产品的原料。循环经济提倡将废物原级再循环和次级再循环相结合，以充分实现资源的再循环利用。

再循环原则的应用范围很广。如将养殖业污水、村镇生物质废弃物、城市垃圾等通过发酵方式产生沼气，沼气是一种再生清洁能源，既可替代秸秆、薪柴等传统生物质能源，也可替代煤炭等商品能源，而且能源效率明显高于秸秆、薪柴、煤炭等，用于农户生活用能和农副产品生产、加工；沼液可用于饲料、生物农药的生产，沼渣可用于肥料的生产。又如摩托罗拉公司推出了一款环保型手机，这是全球首款使用再生材料制造的环保手机，据国外媒体报道，这款摩托罗拉的外壳使用了来自回收废旧饮料瓶的再生塑料。

在制药行业中，遵循再循环原则进行生产的例子也很多，如从头孢活性酯生产废液中回收三苯基氧膦和 2-巯基苯并噻唑（M）；生产头孢活性酯的传统工艺是在三苯基膦（PPh_3）的作用下，头孢侧链酸与二苯并噻唑二硫醚（DM）反应制得，收率一般在 80%以上，其反应式如下：

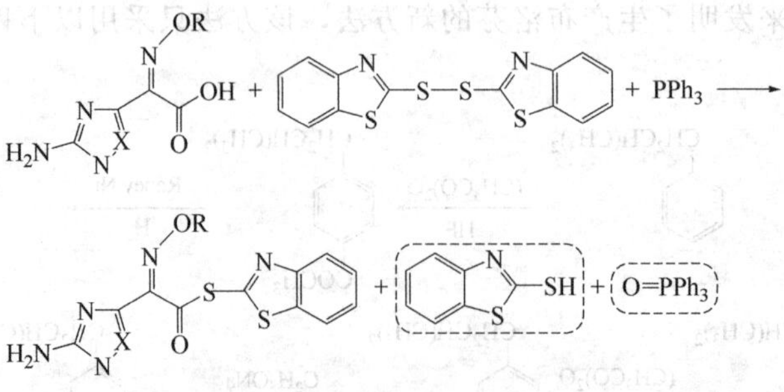

其中，X 为 C 或 N 原子，R 为不同头孢侧链酸上的取代基。

该生产过程中将产生大量的废液，主要成分是副产物三苯基氧膦（TPPO）和促进剂 2-巯基苯并噻唑。由于这两种化合物分别含有芳环及硫、磷元素，很难采用生化处理方法，而采用焚烧法处理易产生硫、磷氧化物，导致二次污染，生产成本偏高。目前我国已将几种头孢类药物列为基本普药，头孢菌素的需求量逐年增大，相应的关键中间体如头孢活性酯的需求量也在同步增长。因此，如何将 TPPO 和 M 回收并加以利用，一直是人们关注的热点。

吴登泽提出了一种高效回收 TPPO 和 M 的绿色工艺，其中用甲苯对 TPPO 进行重结晶回收。由于甲苯易回收、精制和循环套用，因此有望使整个操作过程简单易行，基本无三废产生，有工业化应用前景。回收工艺流程如图 2-2 所示。

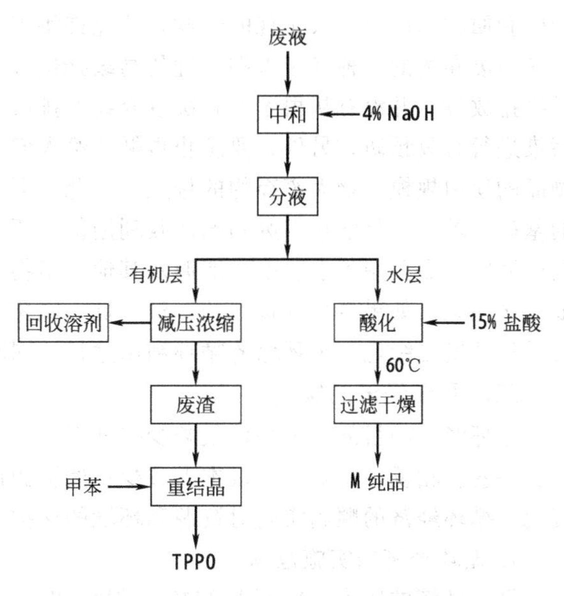

图 2-2　促进剂 M 和 TPPO 的提取回收工艺流程

2. 3R 原则的优先顺序

循环经济中 3R 原则的作用和地位并不是相同的，而是有一定先后顺序的。循环经济的根本目的不是将排放的废物资源化，而是强调减少资源、能源的开采和开发，减少其利用量，避免自然资源的耗竭，减少由线形经济引起的环境退化。循环经济的目标是发展经济，在经济流程中要求尽可能减少资源投入，避免和减少废物的产生，而废弃物再生利用只是一种措施和手段，因此投入经济活动的物质和所产生废弃物的减量化是其核心。由此可以看出，3R 原则的优先顺序为：减量化原则、再利用原则、再循环原则。

循环经济中，减量化原则占有最重要的地位，它要求进入产业链的物质资源减量化，即以最少的资源消耗换取最多量的产品，提高资源的利用率。通过从源头削减物质的输入量，使废物产生量减少，从而减少污染物的排放量，降低后续处理工作的负担，保护环境。因此，减量化是一种预防性措施，在 3R 原则中具有优先权，是节约资源和减少废弃物产生最有效的方法。在生产过程中，企业技术人员可以通过分析“性材比”和“性能比”（与我们熟悉的“性价比”概念对应）来确定最低的耗材量和耗能量，并以此来设计制造工艺流程。例如，生产作为代步工具的家用小型汽车与生产豪华大型轿车相比，既节省金属资源又节省能源，同时也满足了消费者对轿车基本功能和安全上的需求；再如，将洗衣机设计成不用洗衣粉、甚至不用水的产品等。在消费过程中，人们要改变自身的行为方式，自觉抵制过量消费。如能在室外健身就不要用各种健身器材，点菜按吃饱不浪费的原则等。目前在许多发达国家，抵制过度包装，过简单生活，已成为消费者的一种自觉行为。

在资源输入减量化原则的基础上，再利用原则在 3R 原则中居第二位。即通过对已输入产业链的资源、能源尽量多次利用和重复利用，延长其在产业链中的生命周期，避免过早成为废弃物。在生产制造中，技术人员可以将产品设计制造成经久耐用型，如电视机的使用寿命从 1 万小时提高到 2 万小时等。在生活消费中，人们在丢掉一件用过的物品之前，应当想一想，这个东西还有没有再利用价值，你自己没有用了是否别人能用上，修一修是否能再次使用，原来的功能失效了是否还有次级功能可以利用等；如学生不需要买新课本，而是将旧课本在不同年级之间传递使用，这在欧美国家已成为习惯；再如复印纸正面用过再用反面，以玻璃杯代替纸杯，纸杯用过后再用作烟灰容器，洗脸毛巾用旧了作擦桌布、擦窗布等，使物品能够被多次反复利用。

再循环原则在3R原则中居第三位。对于源头无法削减的，当资源完成其使用价值变为废物被排放后，要尽量采取措施加以回收再循环，它不属于预防措施而属于事后解决问题的一种手段。在减量化和再利用均无法避免废物产生时，才采取废物再循环措施，只有当避免产生和回收利用都无法实现的时候，才允许将废物进行无害化处理。由此可以看出，再循环只是对废弃物的一种优于末端治理的高级处理方法，有一定的局限性，仅仅减少了废弃物的最终排放量，并没有从根本上解决废弃物的排放问题，没有减少废弃物的总排放量，不能对污染进行有效预防；另外，要防止再循环给人们造成错觉，反而加快物品的使用速度和扩大物品的使用规模，增大废弃物的排放。因此，再循环要在资源使用最少量，而仍有废物排放的基础上进行，目前很多废物的回收利用仍需要消耗大量的资源，如旧饮料瓶的回收，废溶剂的回收，需要用到水、电、能源及其他许多物质，并将许多新的污染物排放到环境中，造成二次污染；如果再循环资源的含量太低，收集的成本就会很高，就没有经济价值。因此，要尽量开发更绿色、更环保的循环利用途径，同时要注重开发从源头削减污染的技术措施。

三、循环经济的实施

循环经济的目的，不是仅仅减少待处理废弃物的体积和重量，使得填埋场等可以用得时间长一些。相反，它是要从根本上减少自然资源的耗竭，减少由线性经济引起的环境退化。因此，循环经济的顺利实施对资源和环境的保护起到了至关重要的作用。

1. 循环经济的实施范围

循环经济的实施，按照其实施范围可以分为三个层面：企业层面、区域层面和社会层面。

(1) 企业层面　在企业层面上实施循环经济，即在企业内部实行清洁生产。节约原材料和能源，淘汰有毒原材料，减少资源和能源的使用量，提高产品的服务强度，设计合理的使用功能和使用寿命，实现废弃物产生量最小化，减少有毒有害物质的排放，加强废弃物的循环回收和综合利用。

在企业内部实施循环经济，其实是把环保经济的理念渗透进整个企业，建立真正的“绿色”工厂，要求企业实行“3R”管理，即减量化、再利用、再循环。美国杜邦化学公司于20世纪80年代末，把工厂当作试验新的循环经济理念的实验室，创造性地把循环经济“3R”原则发展成为与工业相结合的“3R制造法”，以达到少排放甚至零排放的环境保护目标。如通过企业内各工艺之间的物料循环，从废塑料中回收化学物质，开发出用途广泛的乙烯材料“维克”等新产品；通过放弃使用某些对环境有害的化学物质、减少某些化学物质的使用量等方法，至1994年该公司生产造成的废弃物减少了25%，空气污染物排放量减少了70%；通过使用生产全过程控制法、热解法和节能效率法等技术方法，已经减少了相当于6100万吨二氧化碳的温室气体排放。多年来，杜邦的产品一直在提高农业生产率、节约能源、改进服装的舒适度和外观、提高生活整体质量等方面发挥着重要的作用。如杜邦的特卫强（一种无纺布材料）坚固耐用，一直用于美国邮政服务行业中的邮包和联邦快件投递包，并且享有盛名；这些邮包只有传统邮包的一半重量，因此不仅节省能源，而且还能节省邮费。此外，特卫强邮包中有25%的材料来自于旧牛奶壶和水壶的废物利用，这些材料可以在全美各地的工厂中回收。

(2) 区域层面　在区域层面上实施循环经济，即根据工业生态学原理建立生态园区式的生态工业园、生态农业园和生态生活小区。由于企业内肯定会有无法消化的废料，生态工业园区以开展企业间的合作为特点，把清洁生产从企业内部拓展到企业之间，鼓励企业间的物质和能量循环，使得某一企业的废气、废热、废水、废物成为另一企业的原料和能源，使企业群成为一个共享资源和更换副产品的共生系统，以改善企业内部循环的局限性，实现整个区域的废弃物产生量最小化。

西方国家在20世纪80年代，已经开始了生态工业园区建设的探讨和实践。一些发达国家，如丹麦、美国、加拿大等工业园区环境管理先进的国家，很早就开始规划建设生态工业示范区，其他国家如泰国、菲律宾等发展中国家也正积极兴建生态工业园区。中国生态工业园起步较晚，目前较为成功的有南海国家生态工业建设示范园区、广西贵港国家生态（制糖）工业示范园区等，但都处于逐步走向完善和成熟的阶段。

（3）社会层面　在社会层面上实施循环经济，即在全社会实现物质和能量的大循环，建立循环型社会。在德国，循环经济已经成为德国企业和民众生活中的一部分，主要表现为垃圾处理和再生利用，仅包装垃圾已从过去的年均1500万吨下降到目前的500万吨，95%的矿渣和70%以上的粉尘和矿泥得到重新利用。目前我国在资源再生利用方面还存在一些问题，主要障碍是缺少有效的组织，未形成产业规模，缺少技术研发。我国在废物的再回收、再利用、再循环方面存在较大的潜力，大力发展资源回收和综合利用产业，尽快出台相关政策，形成产业规模，将大大缓解我国资源紧缺、浪费巨大、污染严重的矛盾。

2. 实施循环经济的基础保障

为确保循环经济能够顺利实施，充分发挥循环经济在各个层面的作用，加强对循环经济的基础保障则显得十分重要。

（1）实施法律保障　有法可依是发展循环经济的先决条件，必须建立完善的法律法规，把循环经济发展纳入法制化轨道，才能有效推动循环经济更快更好的发展。德国是最早实施循环经济的国家之一，循环经济立法体系也较为完善，1994年9月颁布了《关于避免、循环利用与废物处置法》，这是世界上第一部固体废物处理实施循环经济的法律。我国也制定了《中华人民共和国循环经济促进法》，自2009年1月1日起开始施行，标志着我国循环经济走上了有法可依的道路，从而有力地保障了循环经济的实施。

（2）实施技术保障　要加大科技投入力度，促进技术创新，加强清洁生产技术、废物资源化技术和污染治理技术的研究，以解决制约循环经济发展的技术瓶颈。在药物合成生产过程中，采用绿色溶剂，可大大减少污染。如室温离子液体为环境友好介质，由正、负离子组成，具有几乎为零的蒸气压、高度的化学稳定性和热稳定性，对大多数无机、有机试剂有良好的溶解性，可重复使用，是绿色合成过程中减少污染和浪费的良好溶剂。如在用于中枢神经系统的提神醒脑药物莫达非尼的生产中，其传统的合成路线长、工艺复杂，用到腐蚀剂氯化亚砜和剧毒品硫酸二甲酯，而且需要排放大量含酸和碱的工业废水，现在采用的是以下清洁生产合成路线：

$$(C_6H_5)_2CHOH \xrightarrow[HBr]{NH_3CSNH_2} (C_6H_5)_2CHSH \xrightarrow{ClCH_2COOR} (C_6H_5)_2CHSCH_2COOR$$

$$\xrightarrow{NH_3} (C_6H_5)_2CHSCH_2CONH_2 \xrightarrow{H_2O_2} (C_6H_5)_2CHSOCH_2CONH_2$$

莫达非尼的清洁生产合成路线通过使用1-丁基-3-甲基咪唑四氟硼酸盐离子液体作为反应溶剂，代替传统有机溶剂，克服了传统溶剂挥发性大、易燃、不安全等缺点，节约反应时间，而且通过二氯甲烷萃取，水相中的离子液体可以回收重复使用。

（3）综合运用经济政策　制定和实施有利于循环经济发展的税收措施，比如开征资源税，通过资源税的征收，为企业使用资源施加了一定的成本约束；对于新技术的推广应用，规定一定的税收优惠措施；针对消费不可再生资源和造成环境污染的商品征收消费税等。同时，对回收资源者予以奖励，如对废物资源化和再利用的企业和个人采取财政补贴、金融优先投资、降低利率、税收减免等刺激性经济政策；对进行技术改造、加大污染治理力度以及推行清洁生产的企业，采取返还排污费等方式。

（4）鼓励公众参与　通过宣传教育，逐步提高公众参与监督、参与决策、参与实施的思想意识。例如，很多地方开设一些"跳蚤市场"，居民将自己不用的物品以较低价格出售，避免物品的废弃，最大限度地发挥其使用价值，这就是一种公众主动参与循环利用资源的行为。

四、循环经济与制药企业可持续发展的关系

可持续发展作为经济社会发展的一种新发展观，其关键在于如何处理经济发展与资源环境的关系，二者相互促进，但又彼此制约，一方面，资源环境是经济发展的前提，另一方面，持续快速的经济发展又为资源环境的保护提供技术保证和物质基础。可持续发展的方针正呼唤着一场新的科技革命，它要求工业彻底地改变其与环境的关系。新的工业应该是保护环境而不损害环境，保护资源而不浪费资源，人们必须设法寻求一种节约资源、"三废"排放少、经济效益佳的生产方式，探索一个新的发展战略——"循环经济"应运而生。

多年来，制药行业为人类创造了大量的物质财富，使人类社会得到快速发展，但在许多制药过程中又未能充分利用资源，存在着水、电、汽等资源用量大及生产成本高等问题，除获得必需的产品外，还排放了大量的化学组成多样的废弃物，从而造成严重的环境污染。因此，实施循环经济是制药企业可持续发展的必然选择，制药企业要想获得持续的经济效益和良好的发展，必须根据生产过程的不同，采取不同的措施，提高资源利用率。

1. 在产品的整个生产过程中注意降耗减排

（1）优化生产工艺流程和工序间的衔接配合，合理降低投入产出比，取消或减少高耗能工序，减少资源浪费，减轻制药企业的环境负荷。

（2）优化产品结构，提高生产水平　实行标准化操作，减少能耗、物耗、渣量，提高收率，降低生产成本；改善生产技术经济指标；实现以合理配比的工艺为主、以废弃物产品化为辅的合理生产结构。

（3）在生产过程中，最大限度地利用各种可再生资源（包括塑料袋、包装桶等），少用不可逆资源，实现废弃物资源化。

（4）采用资源利用效率最大化、"三废"产生最小化的清洁生产措施，实现废弃物减量化和无害化，以保护环境。

（5）加强资源的循环利用以及废弃物的再资源化，重点解决医药生产中废弃物升值利用与再资源化问题。

药品生产中的降耗减排实例很多，如丙酸氯倍他索工艺革新，既降低生产成本，又减少废水排放量。原丙酸氯倍他索工艺中使用了大量的有机溶剂，采用清洁生产新工艺后，使环酯、水解、磺化、氯化反应实现了"一锅炒"，并去除了部分溶剂，调整了原材料配比，使产品的原材料成本大幅度降低，生产周期明显缩短，操作工人的劳动保护得到改善，"三废"产生量也明显减少，从而取得良好的经济效益和环境效益。

再如某原料药厂生产中使用大量溶剂，造成废水中含溶剂量多，废水 COD 浓度高，难以处理。该厂通过安装一套连续精馏塔，精馏高浓度废水中的有机溶剂，既降低了废水的COD浓度，又实现了回收套用，产生了经济效益。

例如大连屹东膜工程设备有限公司与明治鲁抗医药有限公司（中日合资）经过一年多的技术合作，开发成功特种膜过滤技术。以前明治鲁抗医药有限公司生产过程中，离子交换树脂再生工艺产生的大量废液，经过一定的环保工艺处理后直接排放，不仅浪费了水资源，增加了企业生产成本，而且还加大了企业、社会的环保处理负担。现在该公司通过特种膜过滤技术，把实际生产工艺中含有的酸（碱）和少量的离子、有机物（蛋白质、糖类）等杂质的再生液浓缩分离，既减少了废液的排放量，又可回收90%左右的酸（碱）和水，并可重新供离子交换树脂再生使用，实现了资源的无限次循环使用；经设备投资预算，一年半的时间就可以把设备投资全部收回，给企业带来了长远的循环经济效益。

2. 资源的节约利用

（1）能源的有效利用　在企业生产中，对于能量要梯级有效地利用，不仅包括每个生产工序内能量的有效利用，还包括各工序之间的能量交换，即将一个工序多余的能量作为另一工序的能源来使用，能源的循环利用可以实现从源头削减一次能源的消耗。

（2）水资源的综合利用　在企业生产中，对于水源要在工序内部、工序之间、企业之间多级循环运用，实现水资源消耗的减量化。采用高效、安全、可靠的工艺，使各类冷却水经过冷却和简单处理后均循环使用，进一步降低吨产品新水量；采用不用水或少用水的工艺及大型设备，做到源头用水减量化；采用先进水处理技术和工艺，对循环水系统的排污水及其他排水进行有效处理，使企业废水资源化，实现工业废水“零”排放。

（3）新技术的应用　推广先进的节能和环保技术，淘汰或改造资源浪费、污染严重的落后生产工艺和装备，使老工业基地通过现代化改造，走上新型制药企业发展的道路。

（4）强化能源与环境管理　包括设立能源调度中心，对各种能源实行集中管理和统一调配，把科学、完善的节能与环境监测管理体系纳入生产管理之中，以管促治。如“合同能源管理”的成功案例是上海新亚药业有限公司与苏州利源科技有限公司合作，对冰水泵和循环水泵实现变频调速自动控制，并实现每年冬季三个月以循环冷却水替代冷媒水，降低冷水机组及冰水泵冬季电耗，节电效果达50%以上。

（5）服务于社会　把制药生产过程中产生的二次能源用于城市生活，改善城市环境空气质量。建立医药生产能源及社会生活共享资源、互为排放物治理、互为二次资源循环利用的区域生态工业圈，实现一定区域内物质循环以及消费后的废弃产品、生活垃圾和生活污水的社会大循环。

例如，石家庄某药厂经过一系列的工艺革新，实现了对水资源最充分的利用。过去企业日消耗盐酸60t用于洗瓶子，水只能一次性使用，并且大量废酸水排入下水道。近几年来，该公司围绕节水对生产工艺和生产过程进行了反复改造。在生产工艺上大胆改革和创新，使纯净水制水工艺由原来的“反渗透离子树脂交换法”，改为目前国内先进的“双级反渗透制水法”，并把生产使用的高温冷凝水和未蒸发料水分别与职工浴室、办公楼暖气等进行了连接改造。改造后，把两种废水回收到一个储水池，重新安装管路到输液车间粗洗岗位、动物饲养室、公司各部门清洁用水，使这部分水得到了充分回收。现在他们用制蒸馏水产生的重水通过超声波粗洗瓶子，形成了“清洗—收集—沉淀—再清洗”的循环使用模式，较过去每小时可节水50t。

3. 加强企业信息管理系统的建设

将原料管理、产品管理、能源调度、节能管理、环保监管以及各类废弃物产生、利用等信息全部纳入公司的信息管理体系，按清洁生产和循环经济的相关要求，对生产全过程的能耗、物耗、污染物产生和排放情况进行实时统计和监控，确保清洁生产和循环经济各项措施的有效实施。

4. 加强宣传教育

循环经济作为一种可持续的经济增长模式，不仅需要技术、资金的支持，更重要的是建立实施循环经济的主观意愿。目前大多数中小型制药企业以经济发展为主要目标，还没能把循环经济作为企业的核心指导模式，还未思考企业能在哪些方面通过相关措施实现循环经济的“减量化、再利用、再循环”。因此，主观意识相对薄弱也是妨碍循环经济实现的因素之一。

5. 加强人员培训

为适应企业实施循环经济和清洁生产规划的需要，企业需制订能源、环保、信息和废弃物综合利用各类管理和服务人才的培训计划，对企业领导层开展清洁生产和循环经济观念上的培训，对企业管理和技术人员开展清洁生产和循环经济方法论的培训，对企业内各相关部门清洁生产审核员进行技能培训。

总之，21 世纪制药行业发展的新思路将从为人类提供药品扩大到面向生态环境改善、确保人类与自然共存共荣、实现可持续发展的目标上来，而实施循环经济是制药行业实现可持续发展的必由之路。

第二节 生态工业

一、生态工业与生态工业园

1. 生态工业

(1) 生态工业　生态工业是指仿照自然界生态过程物质循环的方式，应用现代科技所建立和发展起来的一种多层次、多结构、多功能、变工业排泄物为原料、实现循环生产、集约经营管理的综合工业生产体系，是一种新型的工业模式。生态工业客观上要求开展企业间的合作，即把清洁生产从企业内部拓展到企业之间，使整个区域的废弃物产生最小化，污染低排放。

理想的生态工业如图 2-3，它是基于资源利用最大化和废物输出最小化的原理，以实现生态工业的可持续发展。

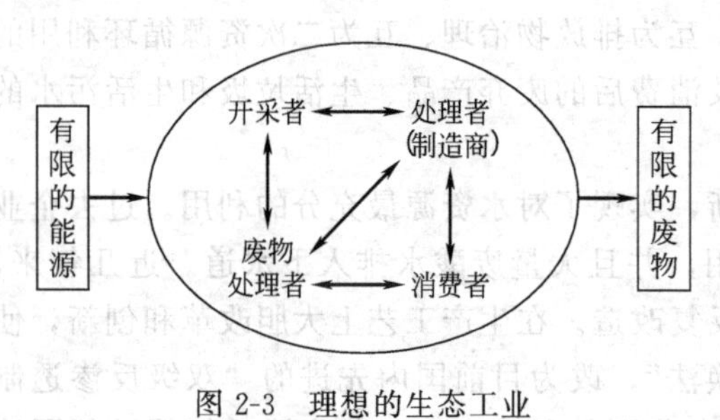

图 2-3　理想的生态工业

(2) 与传统工业的比较　生态工业考虑物质的生命周期全循环，并实现资源的持续循环利用；而传统工业将废弃物看成是无用的东西，因此来源于环境的原料经过一次生产过程后，就变成废弃物排放到环境中，这样的线性过程打破了自然界的物质平衡。生态工业与传统工业的比较见表 2-1。

2. 工业共生模式

将自然生态系统中物种之间的关系运用到生态工业中，将业务性质上相互关联的各类企业聚集在一起，使一家企业的副产品、废物或余能作为另一企业的原料或能源加以利用，连成一个闭合的链，这些企业之间称为工业共生。通过这种工业共生模式的实施，可以共同提高企业的经济效益和环境效益。

表 2-1 生态工业与传统工业的比较

类 别	传统工业	生态工业
目标	单一利润、产品导向	综合效益、功能导向
结构	链式、刚性	网状、自适应
规模化趋势	产业单一化、大型化	产业多样化、网络化
系统耦合关系	纵向、部门经济	横向、复合生态经济
功能导向	产品生产	产品＋社会服务＋生态服务＋能力建设
责任	对产品销售市场负责	对产品生命周期的全过程负责
经济效益	局部效益高、整体效益低	综合效益高、整体效益大
废弃物	向环境排放、负效益	系统内资源化、正效益
环境保护	末端治理、高投入、无回报	过程控制、低投入、正回报
研究开发能力	低、封闭	高、开放
社会效益	减少就业机会	增加就业机会

根据参与企业的所有权关系划分，工业共生可分为自主实体共生和复合实体共生两类。自主实体共生是指参与企业都具有独立法人资格，企业间不具有隶属关系，其合作的基础是共同的利益，而不是上级的行政命令，在不能获得利益的情况下，可以结束相互间的合作关系，去寻找另外的合作伙伴，如卡伦堡生态工业园区。复合实体共生是指所有参与共生的企业同属于一家大型公司，他们都是该公司的某分公司或某一部门。这种共生模式取决于集团的意图和需要，参与实体没有自主权，如山东鲁北化工集团，该集团下有多家企业，集团将这些企业联合起来，在提取海水制盐的过程中，将上一家企业脱盐后的废弃物（海水）——饱和卤，作为下一家企业的原料，被直接引进烧碱和氯产品深加工生产线，即采用世界先进的离子膜技术实施 5 万吨盐-碱联产，剩余的苦卤资源也得到充分利用，进行钾、镁产品的提取加工，通过再利用，有效减少了废弃物的排放。目前该企业正以生态科技产业作为支撑体系，实施大规模的产业化升级，将建成技术先进、知识密集、管理文明、环境友好、结构和谐、系统软化的世界知名生态工业园区。

3. 生态工业园

生态工业园是生态工业的具体实践形式，是一个包括自然、工业和社会的地域综合体，通过采取成员间副产品和废物的交换利用、能量和废水的逐级使用、基础设施的共享等方式，把不同企业连接起来，实现经济增长和环境质量的改善。

生态工业园没有统一的模式，它的类型也是根据各国、各地因地制宜而建设的。根据原始基础不同，可以划分为现有园区改造型与全新规划型；根据产业结构不同，可以划分为联合企业型与综合园区型；根据区域位置不同，可以划分为实体型与虚拟型。

二、国内外生态工业建设与发展

1. 国外生态工业建设与发展

(1) 发展情况　20 世纪 70 年代初丹麦建立了卡伦堡工业园区，也是世界上第一个生态工业园区。1990 年以来，生态工业园区开始成为世界范围内工业园发展的主题，它仿照自然界无废或少废的组织循环模式，为生态工业和循环经济提供了有效的载体，也为可持续发展找到了有效的实践形式。美国、加拿大、法国、日本等发达国家都建设了生态工业园，并逐步趋于完善，泰国、印度尼西亚、菲律宾、南非等许多发展中国家的生态工业园也在蓬勃发展。

（2）实例分析　卡伦堡是丹麦一个仅有2万居民的工业小城市，20世纪60年代初，开始在火力发电厂和炼油厂实施工业生态方面的探索，到目前，该工业园已有5家大型企业和10余家小型企业，形成一个举世瞩目的工业共生系统，它们相互间的距离不超过数百米，由专门的管道体系连接在一起。该生态工业园的主体是发电厂、炼油厂、制药厂、石膏板生产厂及卡伦堡市政府，还包括硫酸厂、水泥厂、地方农场等。

图2-4为卡伦堡生态工业园的主要物质和能量交换流程示意图。其中能源的多级使用和副产物（废物）的利用情况如下所述。

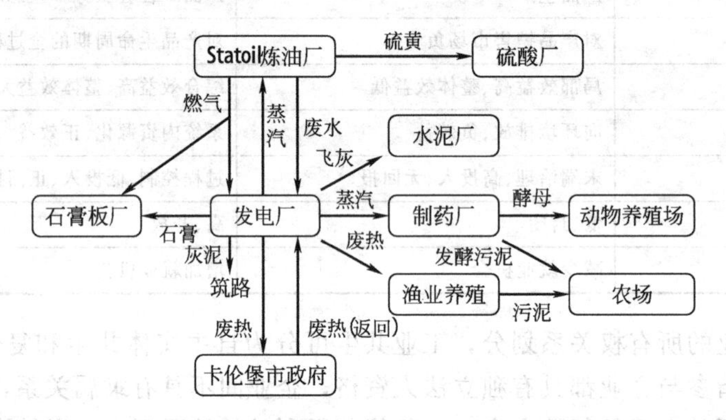

图2-4　卡伦堡的主要物质和能量交换流程示意图

① 蒸汽。以发电厂为核心，向园区各部门供应热能。

a. 向炼油厂和制药厂供应生产过程中的蒸汽。

b. 由居民支付基本费用，由地下管道为镇上居民提供集中供热。

c. 余热供养鱼场温水养鱼。

② 水。水源来自梯索湖，但水资源稀缺，园内采取了水资源循环利用的措施。

a. 发电厂建造了回用水塘，回用自己的废水，同时收集地表径流。

b. 炼油厂的废水经过生物净化处理向电厂输送，作为锅炉的补充水和洁净水，并作为冷却发电机组用水。

c. 发电厂使用附近海湾的淡盐水以满足其冷却需求，以减少对梯索湖淡水的需求，其副产品为热盐水，可供给渔场。

③ 炼厂气。以炼油厂为主体，向园区提供能源。

a. 将含硫炼厂气进行酸气脱硫生产稀硫酸，用罐车运到硫酸厂供生产硫酸用。

b. 将脱硫炼厂气提供给发电厂和石膏板生产厂代替燃料。

④ 生物质。以制药厂为主体，利用农场提供的土豆粉和玉米淀粉发酵生产各类药品。

a. 发酵过程产生大量的固体生物质和液体生物质，其中含有氮、磷和钙质等，经热处理杀死微生物，可运送到附近农场作肥料，减少了商品化肥的使用。

b. 胰岛素生产的剩余酵母，作为动物饲料。

⑤ 资源再利用

a. 发电厂安装了除尘脱硫设备，燃烧气体中的硫与石灰反应，生成石膏（硫酸钙），出售给石膏板厂；除尘产生的大量粉煤灰，可提供给水泥厂用来生产水泥或造路。

b. 养鱼场的污泥作为肥料出售给当地农场；城市污水处理厂的污泥被用作污染土壤生物修复处理中的营养物。

通过这种“从副产物到原料”的交换和“废热利用”，不仅减少了废物产生量和处理的费用，还节约了资源和能源，降低了生产成本，产生了经济效益，形成经济发展与资源和环境的良性循环。

2. 国内生态工业建设与发展

(1) 发展情况　国内对生态工业园的研究虽然起步比较晚，但其发展迅速，我国1999年开始启动生态工业园示范项目，建立了第一个国家级广西贵港生态工业园示范区。继此之后，广东南海、内蒙古包头、湖南长沙等地也相继开展了生态工业园的建设。一些已建的经济技术开发区纷纷实施了向生态工业园的规划和改造，例如大连经济技术开发区、天津经济技术开发区等。

(2) 实例分析　湖南省长沙县黄兴工业园区是我国第一个多产业的生态工业示范园区，如图2-5所示。该园区将主导产业定位为高新技术产业，包括电子信息产业、新材料产业、生物制药产业、环保产业4类，突出电子信息产业的核心地位，重点发展新材料产业和生物制药产业，适度发展环保产业等特色产业。园区建设规划初步确定园区内34家企业和园区外虚拟的多家企业，构建多条主要的工业生态链，并逐步丰富工业生态链网。园区中的4类不同行业，分成四个工业小区，各自形成相对独立的工业生态群落，通过物质流、能量流和信息流相互连接在一起，构成了多种物质能量链接的循环经济网络。各小区之间，以及小区与远程虚拟企业、农业生产、居民生活之间又通过物质、能量和水的交换形成了复杂的生态链网。

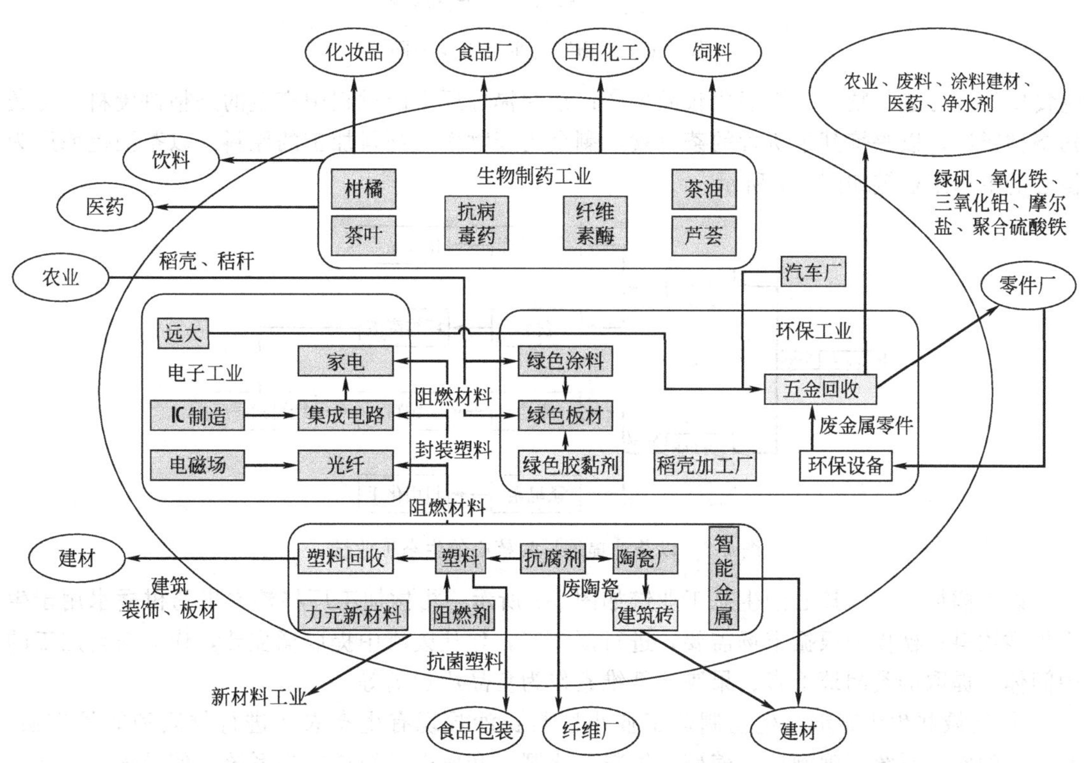

图2-5　长沙黄兴生态工业示范园区总体工业生态链网图

① 生物制药生态工业链网。生物制药工业以茶油提炼、芦荟加工、纤维素酶、柑橘加工、茶叶加工、核苷酸生产和抗病毒制药为核心企业，通过增加补链企业，使该园区的物质、能量得到最佳利用，如图2-6所示。

我国湖南、江西、广西有60%的人口以食用茶油为主。茶油提炼厂提炼出的茶油除供

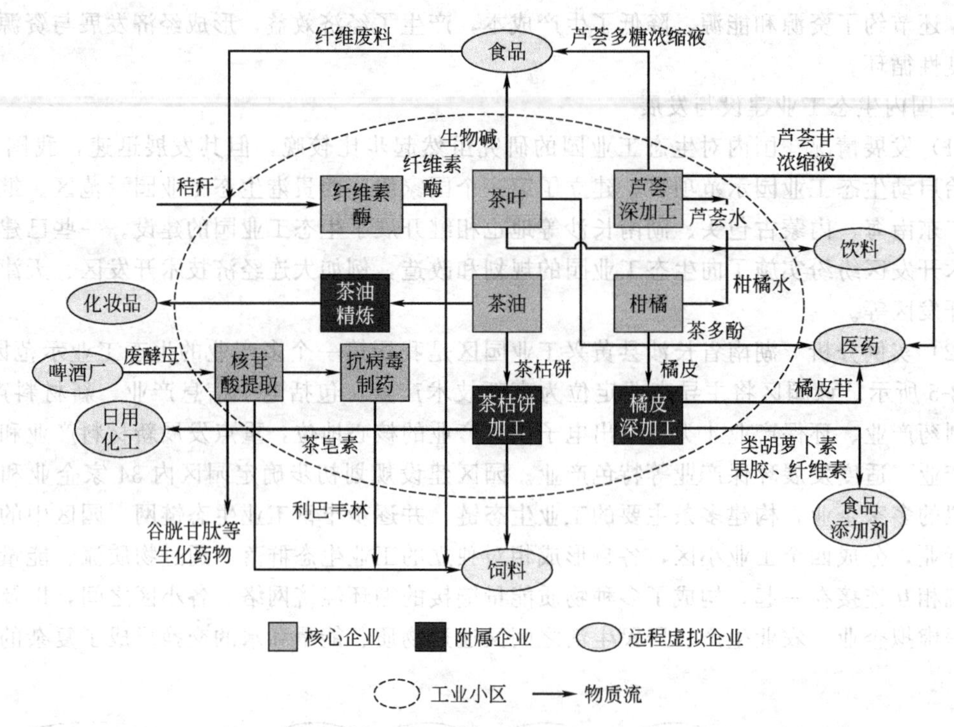

图 2-6　生物制药生态工业链网

应食用外，可进行精炼，用于化妆品生产；茶油提炼厂生产过程中产生的茶枯饼废料，可送到茶枯饼厂，以提炼其中所含的茶皂素，剩余的废物作为饲料加工的原料。以茶油提炼厂为核心的生态工业链如图 2-7 所示。

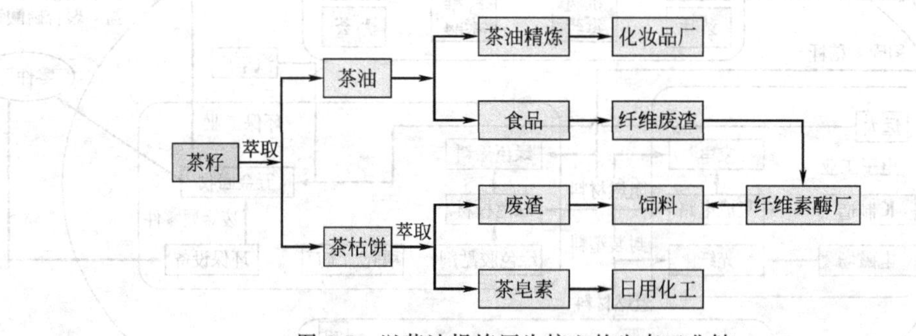

图 2-7　以茶油提炼厂为核心的生态工业链

以柑橘加工厂为核心的生态工业链如图 2-8 所示。柑橘加工厂将榨取出的柑橘水用于生产柑橘饮料；橘皮则根据市场需要，进行深加工，如从废渣中提取橘皮苷，作为医药加工的中间体，提取的类胡萝卜素、果胶、纤维素作为食品添加剂等。

② 区域共生生态链。生物制药工业小区与长沙县现有生态农业进行物质和能量交换，与周边的农业系统、啤酒厂、养殖、饲料、化肥厂和发电厂组成共生系统，使得该县工业区内的补链企业和长沙县原有的农业部分结合起来，构成了一个大的生态产业集合，如图 2-9 所示。

县域其他系统与生物制药工业小区之间的生态链分析如下。

a. 长沙县的啤酒工业产生大量啤酒废酵母、酒糟和有机废液。园区的核苷酸厂可以用回收废酵母提取 5-核苷酸，并将所提取的 5-核苷酸供给园区的抗病毒制药厂生产利巴韦林，

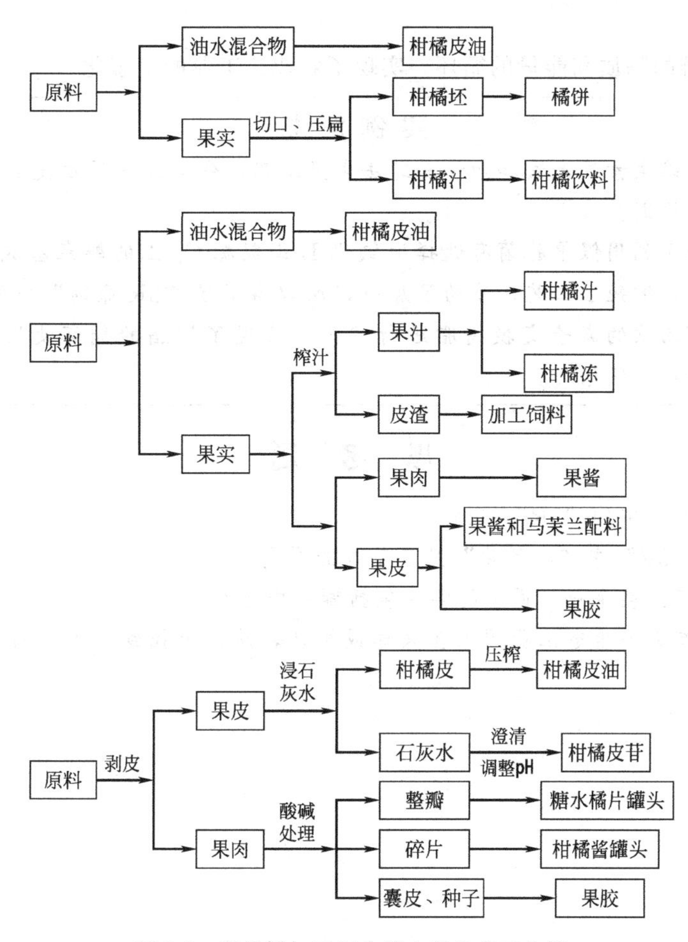

图 2-8 以柑橘加工厂为核心的生态工业链

提高了啤酒废料的附加值。酒糟可供给养殖场作饲料；有机废液可以发酵制沼气，作为能源使用；发酵剩余的沼液和沼渣可以用来制造肥料，返回农田。

b. 长沙县的养殖场产生的大量牲畜粪便可以供给化肥厂生产无污染的有机肥，冲洗废液可以发酵制沼气，沼气可用来发电。

c. 农业系统的秸秆和食品厂的纤维废料，作为园区纤维素酶厂的原料，以液体深层发酵法制取纤维素酶，用于饲料生产。

d. 芦荟产品的发展前景和市场潜力巨大。园区的芦荟加工厂可以从芦荟中提取芦荟水，用于生产芦荟饮料，芦荟苷浓缩液用于医药生产，芦荟多糖浓缩液用于食品加工。

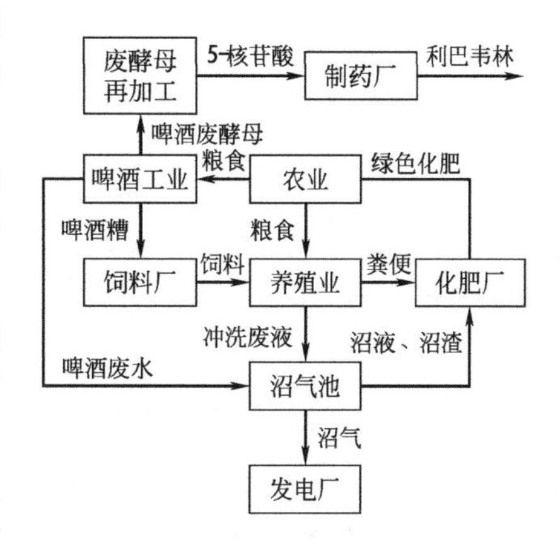

图 2-9 县域其他系统与生物制药工业小区之间的链接

e. 现代茶叶产品是指以茶叶为主要原料，在加工理念、生产方法上均有别于传统方法生产的茶叶产品。园区的茶叶加工企业可生产有机茶、保健茶、花茶、香味茶、茶粉与速溶茶、袋泡茶及液体茶饮料等产品，茶叶深加工中最具潜力和价值的是茶叶有效成分的提取与应用，包括茶多酚（用于医药生产）、生物碱（用于食品添加剂）、茶色素、茶多糖体和茶皂素的开发及应用。

通过该生态链的物质和能量的循环，实现了农业、工业的生态化。

实 例 解 析

实例：比较维生素莱氏法和两步发酵法生产工艺，分析说明两步发酵法遵循了“3R原则”中的哪些原则？

解析：它由于利用假单胞菌有选择地氧化L-山梨糖C_1上的醇羟基成为羧基，省略了丙酮保护步骤，缩短了工艺，节约了原料，所以遵循了“3R原则”中的减量化原则；另外，它采用可回收的离子交换树脂进行酸化，实现了树脂的循环使用，所以遵循了“3R原则”中的再循环原则。

思 考 题

1. 简述循环经济中的“3R”原则。
2. 为什么说“3R”中“减量化”是最基本的原则？
3. 简述循环经济在企业层面上的实施包括哪些内容？
4. 我国目前有许多生态工业园正在兴建或扩建，从网上找到一个并对其内部资源流向进行分析。

第三章　制药工业清洁生产

【学习目标】

① 了解清洁生产产生的背景、清洁生产与末端治理的区别；

② 理解实施清洁生产的重要性；

③ 通过实例分析，掌握清洁生产的实施途径，制药过程中典型的清洁生产工艺；

④ 树立清洁生产的基本理念，学会对传统工艺和清洁生产工艺进行综合分析比较。

第一节　清洁生产概述

一、清洁生产的定义

1. 清洁生产概念产生的背景

环境问题自古以来就伴随着人类文明的发展，从17世纪工业革命开始，工业生产的规模数量不断扩大，对环境的影响也日益加剧。尤其是进入20世纪以来，社会急速发展，工业化程度急剧加深，随着社会的不断发展进步，物质财富的不断膨胀累积，我们所处的环境却经受着更加严酷的折磨与考验。伴随着大量工业废弃物的产生、生态环境的不断破坏，人们逐渐认识到保护环境的重要性，但是如何保护环境？这是大自然留给人类最棘手的问题之一。

20世纪初，工业化国家开始通过各种方法和手段对生产过程中产生的工业废弃物进行治理，目的是减少其排放，从而使环境污染程度降到最小，这就是"末端治理"的思想。这一思想对当时的工业企业生产以及政府政策法规的制定产生了积极的影响，并逐渐被广泛传播和应用，各企业也投入了大量的资金和人力进行废物的末端控制和处理，但人们发现这并不是一种彻底治理环境污染的方案，在末端治理过程中，不仅需要投入高额的设备费用、昂贵的维护开支和最终处理费用，其处理本身仍然需要消耗资源，并且这种治理方法对污染物来说只是一种空间上的转移和存在形式上的转换，并没有彻底消除。随着科技水平的发展和人类认识程度的提高，从20世纪70年代开始，发达国家的一些企业相继尝试运用如"污染预防"、"零废物生产"、"减废技术"、"源削减"等方法和措施，来提高生产过程中的资源利用效率，削减污染物的产生及排放，以减轻对环境和公众的危害。这些技术在实践过程中不断取得较高的经济效益和较好的环境效益，获得越来越多企业的认可和重视，并在实践中不断完善和补充，最终提出了"清洁生产"这一概念。

2. 清洁生产的定义

联合国环境规划署与环境规划中心（UNEPIE/PAC）于1989年首次提出了"清洁生产"这一术语。之后，随着各国不断开展的污染预防活动，联合国环境规划署1996年对该定义进行了补充和完善，给出了如下定义。

清洁生产是一种新的创造性思想，该思想将整体预防的环境战略持续应用于生产过程、产品和服务中，以便减少对人类和环境的风险。

从以上定义可以看出，清洁生产包括产品、生产过程及服务三大方面。

对产品来说，清洁生产要求减少产品在整个生命周期（从产品的设计、制造、使用乃至产品的最终处置）中对环境、人类健康和安全的影响。如油漆、涂料中大多都含有大量有害物质，其中甲醛超标是目前大家最关注的问题。而从清洁生产的角度考虑，应该避免在产品配方中引入有害物质或采取措施降低有害物质含量，尽量采用“绿色配方”。

在生产过程中，采用清洁的生产技术、清洁的工艺，提高资源的利用率，替代有害原材料，从而降低废弃物的排放量和毒性。对生产过程来说，以下措施中的一种或其组合都属于清洁生产：节约原材料及各种能源；淘汰有毒有害和危险的原材料；从源头削减各种废物的排放量和毒性。如在氯霉素的合成中，原来采用氯化高汞作催化剂制备异丙醇铝，后改用三氯化铝代替氯化高汞作催化剂，从而彻底解决了令人棘手的汞污染问题。

对于服务，重点强调的是产品的设计和最终处置，消除产品问世后对环境的负面影响。将服务也涵盖进清洁生产的定义中，即要求将环境因素纳入产品所提供的服务中，这种服务强调的是产品的最终处置，在产品问世之前就应当考虑产品带给环境的影响。如众所周知的“白色污染”——塑料袋，在各种场合都大量使用，虽然给生活带来了方便，但一时的方便却带来长久的危害，不仅污染环境，而且长期不能降解，永久存在并不断累积，会给环境带来大量的废弃物。因此目前在设计高分子材料的功能时，将可降解功能列为重要因素，以保证产品寿命结束后能够生物降解。

另外，清洁生产还具有综合性、预防性和持续性的特点。

(1) 综合性　一方面，清洁生产不仅仅要求在生产过程中采用无废少废工艺、采用无毒无害原材料等清洁化生产技术，而且要求在产品的全生命周期中，即从原材料选取、生产、使用乃至废弃后的处置都需要强调污染预防；另一方面，清洁生产的思想应该渗透到企业的各个部门，需要全员参与才能确保清洁生产的实施效果。由于消费者的环保意识、健康安全意识逐步增强，社会对相关政策的宣传力度不断加强，清洁生产已经成为企业是否具有竞争优势的一个重要指标。因此，从这个角度看，清洁生产涉及社会、公众和政府部门。

(2) 预防性　清洁生产强调的是污染的预防，这与传统的污染治理在本质上是有区别的，是从源头削减污染，减少污染的可能性，而不是污染后再进行治理。

(3) 持续性　清洁生产需要对生产过程及产品进行连续不断地改进，是一个相对的、动态的概念，清洁生产的相对性主要是相对于企业目前的生产工艺技术、设备状况、人员素质等，经过一系列清洁生产计划的实现，使企业污染防治水平不断提高，从而达到不断实现清洁生产计划的目标。企业都有各自的实际情况，各自有不同的实施清洁生产的目标、措施和计划，横向的比较仅供参考。有些部门对企业搞“清洁生产审计”，笼统地按照水、电、汽消耗指标和负荷排放指标与国内最好的水平或国外先进水平比较，作为衡量企业是否开展清洁生产的依据，脱离了目前我国企业的实际。随着科技水平的提高，清洁生产技术本身也在不断更新发展，从而带动企业清洁生产目标的不断提高。从实施清洁生产的周期来看，首先树立清洁生产的理念，然后进行清洁生产技术的研究、开发，再应用于生产实际，直至显示出明显的效果，整个过程是一个非常漫长的时期，而要达到清洁生产要求的极限状态“零排放”，在一个周期内是不可能实现的，但通过持续不断的工艺技术改进，逐步减少废物的产生和排放，达到废物对环境的污染能够被环境自身消化吸收的水平，这一目标是可以实现的。

二、清洁生产的意义与发展

1. 清洁生产的意义

(1) 清洁生产是防治环境污染的最佳模式和必然选择　我国在工业发展中十分重视环境保护，并于20世纪70年代明确提出“预防为主，防治结合”的工业污染防治方针，但在这一方针的贯彻执行过程中，“预防为主”的思想并没有得到有效政策的支持，也没有受到各部门的重视，导致在实际操作中偏离了这一方针，环保工作的重点放到了污染物的治理及达标排放上，即采用末端治理来防治环境污染。所谓末端治理，指废弃物产生后，在排放到环境中之前进行处理，以减轻对环境危害的治理方式。这种治理方式具有如下特点。

① 污染物存在形式的转换。很多污染物处理方法并不能彻底将污染物消灭掉，而是将其转化为其他存在形式成为新的废物，废气变废水，废水变废渣，废渣填埋或焚烧，造成对土壤、地下水和大气的污染，不仅没有改善环境，甚至造成二次污染，又需要资源来处理它。比如，在废气除尘过程中产生废渣，废水处理中产生大量污泥等。

② 污染控制的实施范围。控制方法的实施通常集中在大型污染源，重视对排放量大的污染源的控制方法的研究，而忽视了小型污染源的污染控制，但是小型污染源对环境的破坏程度并不一定小于大型污染源。

③ 造成科技研究上的惰性。企业只满足于遵守污染物的排放标准，在市场上直接购买最价廉的治污设备，以最低标准满足法定要求，而不是去研究开发新的工艺、新的设备，以降低生产过程中废弃物的排放量；不去研究如何减少原料、能源的用量，提高资源利用率。

④ 投资运行成本过高。尽管企业购买的都是价廉的治污设备，但随着生产的发展，产品数量的增多，生产规模的扩大，排放的污染物种类和数量越来越多；并且随着环保要求的不断提高，对治污设备的要求越来越高，为达到日益严格的排放标准，企业必须不断投资，不断对治污设备进行更新和改进，并且还要花费巨额运行费用。例如，一些农药生产废水、化学原料药品生产废水等的处理成本达到每吨废水数元甚至数十元，大大增加了治理费用。如杜邦公司每磅废物的处理费用以每年20%～30%的速度增加。焚烧一桶危险废物可能要花费300～1500美元，在中国是1000～2000元/t，即使如此之高的经济代价仍未能达到预期的污染控制目标，末端处理在经济上已不堪重负。

⑤ 影响企业治理污染的积极性和主动性。末端治理从本质上说属于一种强制性的环保战略，对企业来说，末端治理必须连续不断地投入资金，却看不到任何经济效益，而企业追求的就是经济利益，当花大量的资金却不能带来利润的时候，这部分投入就成为企业的一种额外负担，这与企业追求经济效益的目标是相互抵触的，因此，企业对治污的积极性不高。目前有很多企业在建厂时购买的治污设备，在生产过程中却将其闲置，这一现象在很多企业中存在。曾经报道过这样的消息，花巨资建起来的污水处理厂放在一边晒太阳，滚滚浊流依旧入河入江；还没有处理1t污水，政府已经为污水厂的建设贷款付了上千万元利息……记者在多个省区市采访时发现，我国一些城市已建成的污水处理厂，有的完全没有运行，有的实际处理污水量不到设计能力的1/10，污水厂污水处理“打折”现象严重。

随着我国“三同时”、“浓度达标排放制度”、“限期治理”等环保措施的实施，在环境污染治理方面取得了一定的效果，但由于强调的是废弃物产生后的处理，因此只在一定时间或一定区域范围内产生效果，不能从根本上解决环境污染问题，而清洁生产强调的是预防污染。

从环境保护的角度来看，清洁生产与末端治理并非是不相容的，即推行清洁生产的同时仍然需要进行末端治理，因为即使最先进的工艺和设备，仍然会有废物的产生，仍然需要处理，这是不可避免的，不会有绝对的“清洁”。因此，清洁生产与末端治理是并存的，不能完全否定末端治理，必须同时从污染预防和污染处理两方面进行控制。

(2) 清洁生产是提高企业竞争力、树立企业良好形象的最佳途径 首先，企业通过工艺改进、设备更新、废物回收利用等手段，实施清洁生产，提高资源利用率，减少废物的产生，从而降低生产成本，获得较高的经济效益。另外，在国际贸易中，清洁生产的产品等同于环境标志产品，在性能及环保方面都处于较高的层次，在国际市场颇具竞争力，如果企业开展清洁生产，可以增加国际市场的准入性，提高产品竞争力。

其次，企业实施清洁生产，采用清洁的原料和能源，清洁的生产工艺和设备，实行无废或少废排放，有利于提高企业的技术和管理水平，提高企业的整体素质，提高员工的职业道德素质，有利于树立企业良好的社会环保形象，提高公众对企业及其产品的认可度和满意度，提高企业在同行中的竞争力。

最后，企业实施清洁生产，还可以改善企业的工作环境，有利于生产人员的身体健康；利用无毒、无害原料，降低对企业和人员的安全隐患，这些都可以提高企业职工的工作积极性，提高工作效率。

(3) 清洁生产可以提高全民族的环境保护意识　通过广泛宣传和大力推广，使清洁生产的战略思想不断渗透到公众的思想意识中，提高劳动者的环境保护意识，使清洁生产的思想转化为一种自觉的行为。同时，随着清洁产品的出现和消费观念的改变，消费者会更多地选择有利于环境的清洁产品，实现全民环境保护的目标。

2. 清洁生产的发展

世界各国经历了环境污染、末端治理这样一个漫长的时期后，逐步认识到资源在不断消耗，各种废弃物数量及种类在不断增加，人类生活的环境在不断恶化，需要一种新的环境保护策略来维持我们家园的生命力，在这种背景下，“清洁生产”的思想开始萌芽。

(1) 国际清洁生产的发展　清洁生产起源于1960年的美国化学行业的污染预防审计；1976年欧共体在巴黎举行了“无废工艺和无废生产国际研讨会”，会上提出了“消除造成污染的根源”的思想，表明“清洁生产”概念的出现；1979年4月欧共体理事会宣布推行清洁生产政策。

1989年5月联合国环境署工业与环境规划中心根据联合国环境署（UNEP）理事会会议的决议，制定了《清洁生产计划》，在全球范围内开始推进清洁生产。1992年6月在巴西里约热内卢召开的“联合国环境与发展大会”上，通过了《21世纪行动议程》，并认为清洁生产是可持续发展的先决条件之一，并且是企业保持竞争性和可盈利性的关键手段。

在1998年10月韩国汉城第五届国际清洁生产高级研讨会上，出台了《国际清洁生产宣言》，包括13个国家的部长及其他高级代表和9位公司领导人在内的64位签署者共同签署了该《国际清洁生产宣言》，中国也出席了这次会议，并在教育和培训、综合研究与开发、交流及实施等多方面签字承诺。《国际清洁生产宣言》的主要目的是提高公共部门和私有部门中关键决策者对清洁生产战略的理解及该战略在他们中间的形象，它也将激励对清洁生产咨询服务更广泛的需求。

自20世纪90年代开始，经济合作和开发组织（OECD）在许多国家采取不同措施鼓励采用清洁生产技术。例如在英国，税收优惠政策是导致风力发电增长的原因；法国每年补贴10%的投资、资助50%的科研费用以鼓励开展清洁生产工艺的示范工程。

(2) 清洁生产在中国的发展　随着发达国家对清洁生产技术的不断推行和应用，使我国对污染防治策略的认识有了本质上的改变和提高。

①“清洁生产”从萌芽到成熟的发展历程。“清洁生产”概念在中国出现的时间并不长，20世纪80年代开始出现“清洁生产”思想的萌芽，并在全国举行了多次无废少废工艺研讨会，部分工业部门还开发了一些无废少废生产工艺，这些措施表明“清洁生产”已经开始对我国的污染防治战略产生影响。

1993年在上海举行的“第二次工业污染防治会议”上，提出了清洁生产的重要意义和作用，确定了其在我国污染防治领域的战略地位，这标志着我国推行清洁生产的开始。1994年，我国制定了《中国21世纪议程》，把推行清洁生产列入了国家可持续发展优先项目中，并指出清洁生产的实质是一种原材料和能耗最少的人类生产活动的规划和管理。1995年颁布了《中华人民共和国固体废物污染环境防治法》，明确规定：国家鼓励、支持开展清洁生产，减少污染物的产生量。这是我国第一次将“清洁生产”一词写进法律。

1999年全国人民代表大会第五届第二次会议通过的《政府工作报告》中提出“鼓励清洁生产”，这是国家最高级别会议首次提出清洁生产，充分表明中国政府实行清洁生产、开展污染预防的积极态度。2002年第九届全国人大常委会第28次会议通过《中华人民共和国清洁生产促进法》，2003年1月1日起执行。这标志着我国推行清洁生产纳入法制化管理的轨道，这也是清洁生产多年来最重要和最具有深远历史意义的成果。

从以上发展历程可以看出，清洁生产在我国的发展经历了从思想到行动、从被动变主动的过程，从最初概念的提出到最后法律的形成，证明我国的污染防治战略发生了一个质的改变。

② 清洁生产管理机构的设立。1994年我国在联合国环境署的推动和帮助下，成立了“国家清洁生产中心”，随后，在全国各地相继成立了一批行业清洁生产中心（包括冶金、石油化工、轻工、纺织、船舶等行业）和地方清洁生产中心（包括陕西、黑龙江、上海、天津、长沙、重庆等），另外在一些企业中也成立了针对企业自身、以实现清洁生产为目的的相关职能部门。

③ 建立示范性企业。自1993年以来，全国已在24个省、市、自治区开展清洁生产审核工作，建立了多家清洁生产示范企业，在化学、轻工、建材、医药等行业开展清洁生产示范项目。经过多年的实践证明，清洁生产不仅带来了显著的环境效益，而且为企业带来了巨大的经济效益，但这些效益并不能完全被公众所认识，因此，示范企业要持续开展清洁生产工作，不断提高企业清洁生产水平，充分发挥示范项目的示范作用。

④ 进行宣传和教育培训。国家和地方有关部门及单位通过多种形式广泛开展清洁生产宣传和培训，特别是《清洁生产促进法》公布后，全国掀起了学习宣传清洁生产的热潮。迄今为止，国家清洁生产中心已举办260多期清洁生产审核师培训班及多期清洁生产管理人员培训班，通过培训清洁生产服务机构的专业人员，提高他们的业务素质和服务水平，更好地为企业服务，引导企业做好清洁生产；通过培训企业的管理人员，使他们明确清洁生产的重要意义和必要性，提高开展清洁生产的积极性和自觉性，掌握如何做好清洁生产的方法，使企业在充分了解清洁生产的基础上产生自觉的行动。

⑤ 开展国际交流和合作。一些发达国家较早地采用清洁生产技术，如美国、荷兰、瑞士、澳大利亚等，他们在多年的实践过程中积累了大量的经验。中国非常重视与这些国家开展国际交流与合作，吸取经验，提高清洁生产实施的效果。如国家清洁生产中心于1995～1997年与美国合作，共同承担了世界银行提供的环境保护JGF赠款项目“国际污染预防技术在中国的推广应用”。该项目主要是在石化、制药、电镀三个行业，通过选择典型的企业开展清洁生产培训、清洁生产审核、行业清洁生产技术需求分析及市场调查，以推动行业中的清洁生产进程，寻求与国际在清洁生产领域内长期合作的机会。

第二节 清洁生产实施的主要途径

清洁生产是一个系统工程，是对生产的全过程以及产品的整个生命周期都要采取污染预防的战略措施，因此，要针对原料选取、工艺条件及设备、产品设计、废弃物种类及特点等多方面进行分析和审查，以寻找能够进行清洁生产的环节，促进企业不断实现更加清洁的生产。制药工业实施清洁生产的主要途径如下。

一、优化产品设计

清洁生产不仅要求具有清洁的生产过程，而且还对产品的整个生命周期提出了污染预防的要求，包括产品在使用过程中对环境无污染、效率高；产品使用后易于回收；若不能回收，废弃后对环境影响要小；简化产品包装，尽量使用可回收的包装材料等。

过去在产品设计时忽视了产品使用过程中和使用后对环境的影响，如尾气排放较高的汽车，在使用中排放出含有大量氮氧化物的汽车尾气，严重时会产生光化学反应，刺激人的眼睛和呼吸器官；含磷量高的洗衣粉在使用后会加大生活污水中磷的含量，排入天然水体后会加快水体富营养化的速度；人类历史上第一个合成高效有机氯杀虫剂 DDT（双对氯苯基三氯乙烷）具有显著杀虫效力，但在使用 30 多年后，DDT 的施用导致某些昆虫对它产生了抗药性，尽管每亩施药量增加，可作物还是减产，原因在于此杀虫剂将某些肉食昆虫和鸟类一起除掉，使虫害更加厉害。

现在按照清洁生产的要求，不断优化产品的设计，以满足环境保护的要求，如针对汽车的设计，在传统能源枯竭与环保压力下，发展新能源车已成为各国政府看好的“重头戏”，而以锂电池为动力的纯电动汽车更是成为国际竞争的热点；居民生活用的各种洗涤剂也改为无磷配方，DDT 早已被停产禁用。

二、重视原料的选取、能源的利用

尽量选用无毒无害、低毒少毒的原料，以替代或减少有毒有害原料的使用，同时避免使用在生产过程中产生有毒物质的原料，要尽可能选择可再生的原料和可再生的能源。如绿色原料碳酸二甲酯（DMC），其分子中含有两个具有亲核作用的碳反应中心，即羰基和甲基；当 DMC 的羰基受到亲核进攻时，则酰基-氧键断裂，形成羰基化合物，故在碳酸衍生物合成过程中，可以替代剧毒的光气作为羰基化剂；当 DMC 的甲基碳受到亲核进攻时，烷基-氧键断裂，生成甲基化产品，故它又可替代剧毒的硫酸二甲酯作为甲基化剂。

实现能源的综合利用是清洁生产的主要途径之一，可以将需要加热的物料和需要冷却的物料进行热交换，以减少载能介质的使用，实现能源使用的减量化。

三、加强资源的循环使用和综合利用

在药品生产过程中，会排放出大量的“三废”，尤其是废水，其含有多种组分包括未反应完的原料、溶剂、副产品及少量的产品等，这些资源都可以进行循环使用和综合利用。

（1）未反应完的原料　尽量提高原料利用率，如果原料都能通过生产转化为产品，就可以减少“三废”中原料剩余量，从而减少废弃污染物的产生和排放总量；也可对“三废”中未反应完的原料，通过分离纯化技术提取原料，使其返回到生产过程中循环使用，降低生产成本，如从土霉素废母液中回收草酸。

（2）溶剂　制药工业属于溶剂消耗大户，各种有机溶剂的使用量非常大，有些还具有毒性，这些溶剂若排放到环境中是一个极大的污染源，加大了环境治理任务，提高了生产成本，因此需要采取各种分离手段将溶剂回收循环使用，如从青霉素生产废水中回收醋酸丁酯。若回收后的纯度达不到生产要求，可以应用于其他领域以实现综合利用。

（3）副产品　这里的副产品具有相对性，针对工艺自身是副产品，属于杂质，但并不是无用的物质，对于其他的工艺过程，则可能会成为原料，因此，企业要不断拓展自身工艺过程中产生的副产品的综合利用途径，实现经济效益和环境效益的最大化。

(4) 少量的产品 在产品收集阶段会有少量产品流失，若对这部分产品加以回收，可提高产量，降低成本，如从农药乐果合成废水中回收乐果。

有些废物在本企业内部难以成为资源，这就需要组织企业间的横向联合，拓展废物的使用范围，使一个企业的废物成为另一个企业的生产原料，使资源利用的范围最大化。

四、改进工艺、更新设备

要实施清洁生产，就必须对工艺过程中的每个环节、每个设备进行科学地分析，包括物料流向分析、能源利用分析等，并将分析结果作为改革生产工艺的基础数据，以优化工艺控制参数，提高产品收率和设备利用率。还可以通过开发新的工艺技术替代传统工艺，如采用超临界 CO_2 从丹参中萃取丹参酮 $Ⅱ_A$，该工艺具有无毒、快速、廉价、低温操作的特点，替代了传统的溶剂提取法，取得较好的提取效果，且对环境无污染。

五、加强企业管理

多年的实践经验表明，工业污染中有 30%～40%是由于管理不善而造成的。因此，应加强企业的生产管理，使对污染的管理落实到生产的方方面面，贯穿到企业的全部经济活动中。具体管理措施有：安装必要的监测控制仪表，对生产过程进行严密的监测，加强计量监管，杜绝“跑冒滴漏”现象，落实岗位责任制，实行奖惩制度和激励机制，保持和生产量相平衡的原料购进量、储存量等。

第三节 制药企业清洁生产实例

一、中药制药企业清洁生产实例

踏入 21 世纪，回归大自然的潮流席卷全球，人们对传统中草药都趋之若鹜，并且其防病治病、预防保健、安全、无副作用的特质及优势也为人们所认同。目前，我国已查明的中草药资源达 12807 种，其中天然药用植物 11146 种，药用动物 1581 种，药用矿物 80 种。

中药的提取包括浸出或萃取、澄清、过滤和蒸发等许多单元操作，传统工艺制备往往提取时间长、有效成分含量低、杂质多、质量不稳定，而且产生大量废水、废渣，因此必须积极采用超临界流体萃取、微波辅助诱导萃取、超声提取法等现代技术。许多研究结果表明，与传统方法相比，这些技术具有产率高、纯度高、速度快、物耗能耗少等特点，有着广阔的研究和应用前景，符合清洁生产的要求。

1. 芦荟有效成分芦荟多糖的提取

芦荟为百合科耐旱性多年生肉质草本植物，主要分布于热带、亚热带地区，是应用广泛的天然药用植物。芦荟种类繁多，其中最为常用的品种有库拉索芦荟、中华芦荟、好望角芦荟等。芦荟多糖是芦荟中的主要活性成分，是一大类具有不同生理功能的大分子化合物，主要由甘露糖、半乳糖、葡萄糖、木糖、阿拉伯糖、鼠李糖组成，具有杀菌、消炎、抗辐射、抗肿瘤、抗衰老、抗内毒素、免疫调节等多种药理作用。

芦荟多糖的传统提取方法是水提醇沉法。以水为溶剂、乙醇为沉淀剂，在料水比 (g/ml) 1∶50、提取温度 50℃、提取时间 5h 等工艺条件下，采用的工艺流程为：芦荟鲜叶→预处理 (干燥)→粉碎→过筛 (20 目)→冷水浸泡 30min→水浴浸提→真空抽滤→浓缩→调节 pH (除去钙离子之类的矿物质元素)→无水乙醇沉多糖→真空抽滤→干燥→芦荟多糖 (含量为 1.85%)。该方法需消耗大量的有机溶剂，提取时间长，提取物杂质含量多、后处理工序繁杂。

近年来，双水相萃取分离技术广泛用于大分子生物物质的分离与纯化，取得了较好的成效。将芦荟浓缩液加入适量的聚乙二醇（PEG），充分溶解后，按一定质量比加入$(NH_4)_2SO_4$，充分振荡，静止分相，离心分离，去其上层清液得沉淀物，干燥，得芦荟多糖。双水相体系分离出的芦荟多糖，其含量高于传统的醇沉法，且有机溶剂用量少，具有良好的应用前景。

随着超声分离技术的迅速发展，超声波辅助提取法在提取植物中活性成分中的应用越来越广泛。当超声波作用于液体介质中时，介质中的某一区域会形成局部的、暂时的负压区，并由此产生空化气泡，当其靠近固体表面时，受到强声波作用，固体表面的空化气泡便发生不对称塌陷，由此产生一股直接射向固体表面的高速射流束，使固体表面发生剥蚀和损伤，从而强化传质。在活性成分提取过程中，由于超声波的空化、粉碎等特殊作用，使细胞壁被击破，形成空洞，使细胞壁周围的轮廓不完整，以便溶剂渗透到细胞内部，而使芦荟多糖溶入溶剂中，加速了相互渗透和溶解作用。在超声振动下，细胞的破裂为多糖成分溶入溶剂中提供了条件，促进了多糖成分向溶剂中的溶解。实验表明，超声波辅助提取法所得的芦荟多糖含量大大高于溶剂提取法，且所用沉淀剂乙醇较少，提取时间大大缩短（由5h缩短至40min），使效率提高，提取工艺简化，节约了成本。

2. 丹参有效成分的提取

丹参味苦、微温，入心、肝，具活血化瘀、安神宁心之功效，其主要有效成分为水溶性的酚酸类和脂溶性的菲醌类衍生物，其中脂溶性成分中的主要化学成分丹参酮$Ⅱ_A$具有天然抗氧化、抗动脉粥样硬化、降低心肌耗氧量及抗菌消炎作用，已被广泛用于冠心病的治疗。

目前多采用溶剂提取法，即用95%乙醇加热回流1.5h，药渣再用50%乙醇回流1.5h，合并提取液，减压浓缩，干燥，得丹参酮，萃取率为0.48%。溶剂提取法的特点是提取率低，提取杂质多，颜色较深，提取耗时长，提取物损失较大，且要用大量的有机溶剂，成本高且操作安全性低。

随着超临界萃取技术的发展，以超临界状态下的二氧化碳作为萃取剂，萃取丹参中有效成分的工艺研究取得突破，即将丹参经粉碎、干燥预处理后，将丹参粉末置于高压萃取槽内，在萃取压力3.50×10^4kPa、萃取温度45℃、CO_2用量450ml/g的条件下进行萃取，萃取率达0.78%，提取物呈粉红色，而溶剂法提取所得产品为红褐色。

比较上述两种方法，超临界流体萃取的萃取率比溶剂萃取法高，且超临界流体萃取流程短，萃取、分离一次完成；外观质量明显优于有机溶剂提取物。超临界流体萃取时，溶质溶解性能可通过调节压力和温度来控制，因而可获得选择性丹参酮$Ⅱ_A$萃取物；采用低温操作，保持了丹参有效成分的天然品质；没有有毒溶剂残留。因此，与溶剂法相比，CO_2超临界流体萃取提取丹参酮$Ⅱ_A$是一条较好的清洁生产工艺。

二、化学原料药企业清洁生产实例

制药工业中化学原料药生产的很多传统工艺都属于污染性大的工艺，近年来，随着各类清洁生产技术的广泛推广和应用，对化学原料药生产的许多传统工艺进行了改革，如提高反应收率，采用不对称合成技术使反应过程中的原料得到充分转化，减少有毒有害物质排放量以至达到零排放等。

实例1 萘普生的清洁生产

萘普生是一种2-芳基丙酸类的非甾体抗炎药，化学名为(S)-(+)-1-(6-甲氧基-2-萘基)-丙酸，用于治疗风湿性关节炎、类风湿性关节炎、痛风、强直性脊柱炎、经痛、肌腱炎、滑囊炎等病症。

萘普生的传统合成方法是以β-萘酚为起始原料，经甲醚化、Friedle-Crafts丙酰化、溴化、缩酮和水解氢化拆分等反应制得。反应过程如下：

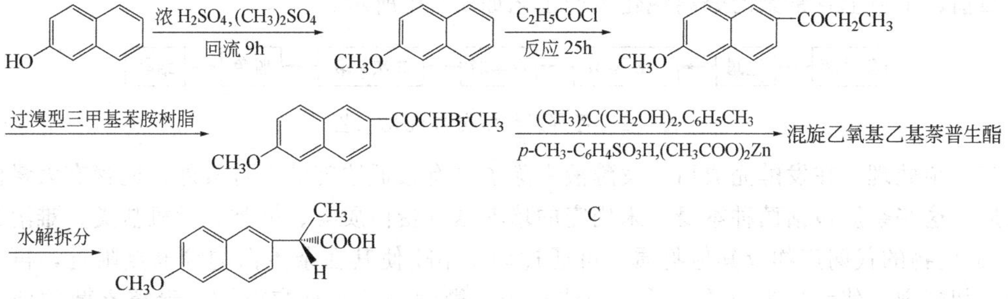

$$\text{HO-萘} \xrightarrow[\text{回流 9h}]{\text{浓 } H_2SO_4,(CH_3)_2SO_4} CH_3O\text{-萘} \xrightarrow[\text{反应 25h}]{C_2H_5COCl} CH_3O\text{-萘-}COCH_2CH_3$$

$$\xrightarrow{\text{过溴型三甲基苯胺树脂}} CH_3O\text{-萘-}COCHBrCH_3 \xrightarrow[p\text{-}CH_3\text{-}C_6H_4SO_3H,(CH_3COO)_2Zn]{(CH_3)_2C(CH_2OH)_2,C_6H_5CH_3} \text{混旋乙氧基乙基萘普生酯}$$

C

$$\xrightarrow{\text{水解拆分}} CH_3O\text{-萘-}C(CH_3)(H)COOH$$

这种采用分子内诱导合成拆分方法的特点是路线长、成本高和污染严重，反应中大量使用甲苯、甲醇、二氯乙烷等溶剂，还用浓硫酸催化、氢氧化钠水溶液和盐酸调节其 pH，都会产生大量的废水，不符合对环境友好的工艺要求。

近年来，随着酶固定化技术的日趋成熟，大大促进了酶拆分技术的发展。脂肪酶是最早用于手性药物拆分的一类酶，是一类特殊的酯键水解酶，具有高度的选择性和立体专一性，反应条件温和，副反应少，避免使用大量的化学拆分试剂，减轻了对环境的污染。崔玉敏等用固定于载体大孔吸附树脂 HZ-806 上的脂肪酶，采用树脂固定化酶填充床反应器，当混旋乙氧基乙基萘普生酯的流量为 72ml/h 时，酯的水解率为 17%，且酶活性几乎无损失，被连续水解拆分，获得光学纯度为 89.1%的萘普生。

另外，随着不对称合成技术的发展，萘普生还可采用不对称合成的方法制备，利用末端烯烃氢羧化的区域选择性，通过对手性配体的筛选，选择手性配体（S)-(＋)BNPPA 与底物 CH_3O-萘-$CH{=}CH_2$ 反应，在底物/配体/$PdCl_2$＝10/0.5/1 时，于室温和常压下能高产率高选择性地合成萘普生，反应过程如下：

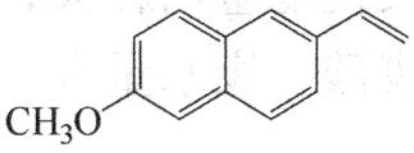

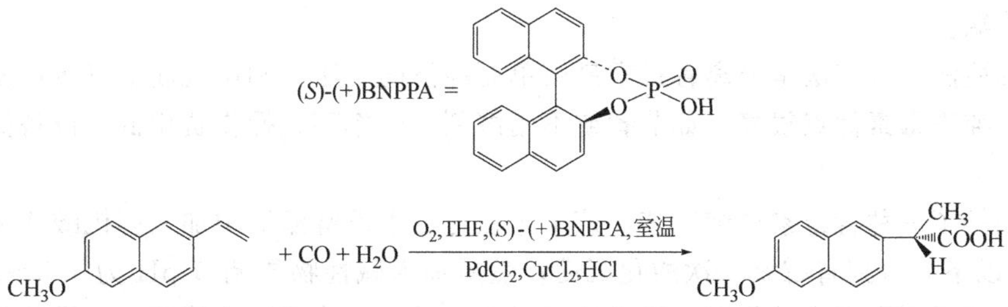

(*S*)-(+)BNPPA = [联萘-O,O'-磷酸：O-P(=O)(OH)-O]

$$CH_3O\text{-萘-}CH{=}CH_2 + CO + H_2O \xrightarrow[PdCl_2,CuCl_2,HCl]{O_2,THF,(S)\text{-}(+)BNPPA,\text{室温}} CH_3O\text{-萘-}C(CH_3)(H)COOH$$

不对称合成与传统合成方法相比，反应步骤少，反应条件温和，后处理简单，收率高，产品无需拆分，几乎没有废物产生，减少了废水对环境的污染。

实例 2 青霉素的清洁生产

青霉素是一族抗生素的总称，是治疗敏感性细菌感染的首选药物，其化学结构通式可用下式表示：

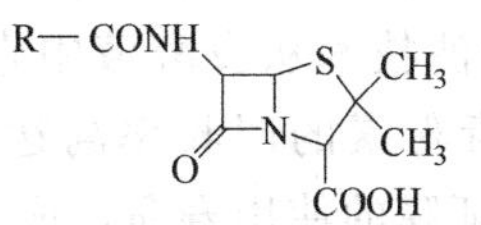

R— CONH-[β-内酰胺-噻唑烷环：S, CH_3, CH_3, N, O, COOH]

目前已知的天然青霉素（即通过发酵产生的青霉素）有 8 种，它们具有共同的母核，其母核为 6-氨基青霉烷酸（简称 6-APA)。青霉素分子中含有三个手性碳原子，故具有旋光性；侧链 R 不同，青霉素不同。临床应用最广、疗效最好的是苄青霉素（也称为青霉素 G)。

1. 传统分离纯化生产工艺

目前，工业上青霉素的分离纯化生产工艺如图 3-1 所示。

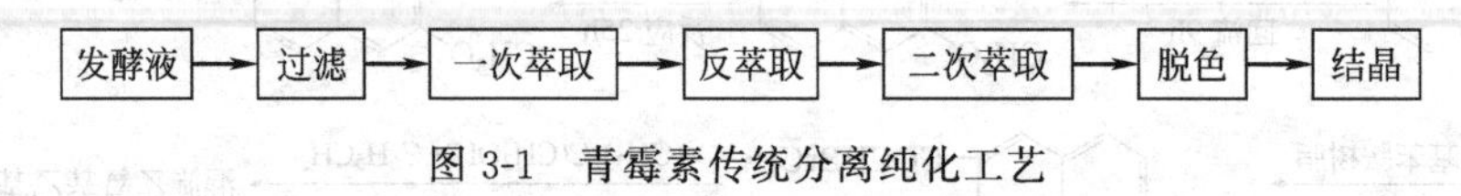

图 3-1 青霉素传统分离纯化工艺

（1）预处理　在发酵完成后，发酵液中除了含有很低浓度的青霉素外，还含有大量的其他杂质，这些杂质包括菌种本身、未用完的培养基（蛋白质类、糖类、无机盐类、难溶物质等）、微生物的代谢产物及其他物质。可通过调整 pH 使其在杂蛋白的等电点附近，再加入凝聚、絮凝剂，使大量蛋白质杂质、胶体粒子、微细颗粒等聚集沉淀，青霉素菌的菌丝较粗，一般经过滤即可除去上述固体杂质。

（2）萃取分离　通常采用溶剂萃取法获得青霉素的浓溶液。首先用 10%硫酸将滤液的 pH 调低至 1.8～2.2，用醋酸丁酯作为萃取剂，送入萃取机内进行一次萃取分离，可将青霉素从水相转入萃取相，然后用 pH 为 6.8～7.2 的碳酸氢钠水溶液进行反萃取，再将青霉素转入水相。每经过一次萃取和反萃取，青霉素浓度可提高 1.5～2.5 倍，可反复萃取直至达到工艺要求。

（3）纯化　在醋酸丁酯萃取相中加入醋酸钾的乙醇溶液，可获得青霉素钾盐的结晶。为获得较高的收率，在上述反应结晶的基础上，进一步采用共沸蒸发结晶的方法，以除去溶液中的水分，使结晶完全，得到符合工艺条件的青霉素钾盐结晶产品。

从青霉素传统分离纯化生产工艺可看出，提取青霉素需要加入醋酸丁酯和碳酸氢钠水溶液；在酸性条件下萃取，青霉素损失严重；为减少损失而采用低温操作又使能量消耗大；醋酸丁酯水溶性大，造成溶剂损失大且难以回收；反复萃取次数多，导致废酸、废水量大。

2. 绿色分离纯化生产工艺

为了减少污染物排放，提高提取率，必须改革老工艺，下面的几种萃取工艺可以改进上述工艺的弊端。

（1）沉淀法　沉淀法是分离青霉素最简单而经济的方法，利用沉淀法直接从发酵液中回收分离和提纯青霉素优点很多，如节省或不用溶剂、收率高、操作费用低、设备简单，工艺路线短等。

徐兵提供了一种青霉素提纯工艺，该工艺在青霉素发酵滤液中加入有机酸或无机酸调节 pH 在 3.5 以下，得到青霉素一次酸化沉淀；然后加入碱性物质调节 pH 为 4.5～8.0，将青霉素沉淀溶解得到青霉素碱化液；经活性炭脱色、过滤，滤液进入喷雾干燥设备干燥，得到较纯的青霉素盐固体物。为了得到质量较好的青霉素盐，通常将青霉素碱化液进行二次酸化沉淀处理。

（2）微滤及超滤技术　它是以微滤膜或超滤膜作为隔离介质，以外界能量或化学位能为推动力，对多组分混合物或溶液进行分离、浓缩、提纯的过程。膜分离是一种先进的新型分离技术，与萃取等传统的分离过程相比，具有效率高、低能耗、无二次污染等优点。

A. Dikane 等使用管式陶瓷膜微滤技术从发酵液中直接提纯青霉素 G，并研究了优化分离条件。经历 12 个运行周期后，青霉素的回收率高达 98%。此外，陶瓷膜强度大、耐冲洗，将其用于发酵液的处理可以保证膜的使用寿命，成本降低，具有良好的发展前景。

李十中等采取超滤/萃取法对青霉素 G 的发酵滤液进行处理。滤液经超滤除去起乳化作用的生物高分子物质后再用乙酸丁酯进行萃取，不仅从根本上解决了青霉素萃取过程中的乳化问题，还可以减少硫酸的消耗量以及乙酸丁酯的损失。

(3) 乳状液膜法　乳状液膜法作为一种传质速率快、分离效率高、选择性好、节能的提取技术，近几年来在生物活性物质的分离提取方面受到了广泛重视。乳状液膜萃取技术用于青霉素提取可实现萃取/反萃取过程的耦合，是当前青霉素分离领域的另一个研究热点。与传统的液-液萃取相比，液体表面活性剂膜具有进行高效提取所需的较大接触面积和较短接触时间，所以其渗透速度很快。

青霉素的透膜机理如图 3-2 所示。

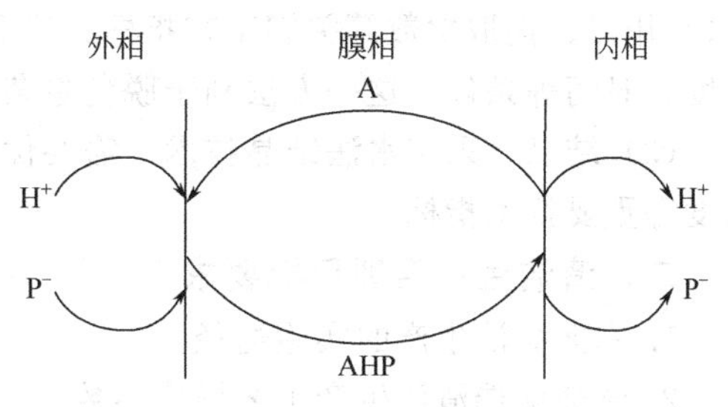

图 3-2　青霉素的透膜机理

从青霉素的透膜机理可以看出，其转运的推动力是内、外相的 H^+ 浓度梯度，随着转运的进行，H^+ 和青霉素酸阴离子 P^- 与载体 A 在外相与膜相界面形成复合物 AHP，然后通过膜相扩散到膜与内相界面，由于内相 pH 值很高，复合物将 P^- 及 H^+ 释放到内相，载体 A 扩散回外相与膜相界面，直至推动力变小达平衡状态。其工艺要点如下。

① 乳状液膜体系的制备。将含有载体（三辛胺）、表面活性剂（Span-80）的有机溶剂（煤油）与一定浓度的碳酸钠水溶液以一定比例混合，在适当的转速下机械乳化即得。其中，碳酸钠水溶液作为内水相解析剂。

② 青霉素的提取。以乳水比 1∶5（体积比）的比例将乳相与外相加入提取器中提取，其中，柠檬酸-柠檬酸钠为外相试剂，调节青霉素 G 水溶液的 pH 至 6，一定时间后静置分层，水层为外相，取乳相破乳再静置分层，水层即为青霉素 G 钠盐溶液。

(4) 双水相萃取　利用双水相体系直接从发酵液中萃取青霉素，工艺简单，收率高。双水相萃取避免了发酵液的过滤、预处理和酸化等操作，不会引起青霉素的活性下降，有机溶剂用量大大减少，废水、废渣排放量也大大减少。

采用双水相萃取技术从发酵液中萃取青霉素的分离纯化生产工艺如图 3-3 所示。

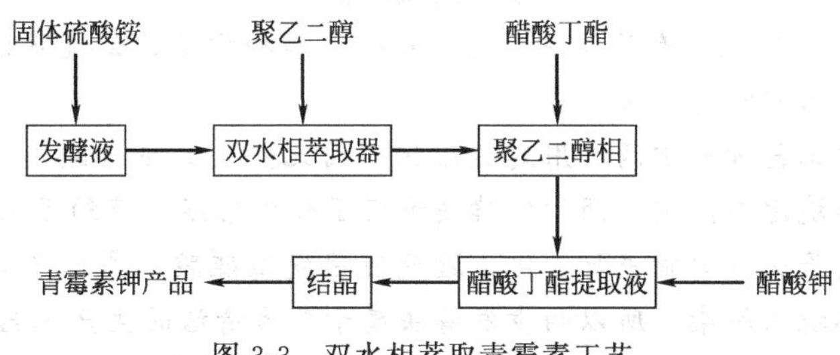

图 3-3　双水相萃取青霉素工艺

该工艺过程中，首先将 8%（质量分数，下同）的聚乙二醇和 20%（质量分数）的硫酸铵加入到发酵液中进行萃取分相，青霉素富集于轻相，再用醋酸丁酯从轻相中萃取青霉素。

第四节　清洁生产实训

一、从青霉素裂解废液中回收苯乙酸

半合成抗生素的迅速发展使其重要中间体 6-APA 及 7-ADCA 的需求量迅速增加，带动了青霉素生产量的大幅提高，而苯乙酸（PAA）是发酵生产青霉素 G 的主要前体。一方面生产青霉素需要大量的苯乙酸，另一方面生产 6-APA、7-ADCA 要排放含有苯乙酸的大量废液，因此，可以采用各种分离方法将苯乙酸回收。其回收工艺要点如下。

（1）萃取　依据PAA的结构与溶解特点，筛选出理想的萃取剂，确定萃取操作的pH、温度、时间、浓缩比等重要工艺条件。

（2）提取与脱色　采用水法提取技术。首先确定水法提取的温度、搅拌时间、提取剂（水）用量、提取次数等关键工艺指标；然后对脱色剂进行认真筛选并通过实验确定其用量、温度、时间等条件。这一方法利于脱色除杂质，并为后续的水法结晶创造条件。

（3）结晶　采用水法结晶技术。需要优选出结晶时间、降温速率、搅拌速率、结晶终点温度等重要技术指标。

二、清洁生产实训目标要求

1. 掌握清洁生产的实施途径。

2. 学会优选清洁生产工艺操作参数。

三、清洁生产实训方案设计与能力培养

1. 教师结合本院校实际情况，提出实训具体要求。

2. 学生查阅资料，找出药品的结构、理化性质、分析方法等，培养学生搜集信息的能力。

3. 在教师的指导下，参照工艺要点进行工艺参数优选方案的设计。培养学生设计实训方案、绘制工艺流程图的能力。

4. 拟定所用仪器品种、型号、个数，向指导教师提出申请。培养学生制订计划和对仪器设备选型的能力。

5. 按照拟订方案进行实训操作。结合实际情况和条件，参考所查阅的有关资料，灵活机动地处理实训中存在的问题，培养学生分析问题、解决问题的能力。

6. 根据实际操作情况，编写实训报告，注重对工艺的总结和思考，培养学生撰写技术报告的能力。

实例解析

实例： 维生素C的生产有莱氏法和两步发酵法两种方法，试说明这两种方法哪种属于更为清洁的生产工艺？为什么？

解析： 莱氏法工艺过程中两次用到酸催化，因此产生大量废酸液，反应步骤多，生产劳动强度大，环境污染严重。两步发酵法缩短了合成路线，节约了原料，提高了收率，并采用可再生的离子交换树脂进行酸化，避免使用发烟硫酸，减少了对设备和管道的腐蚀，也减少了对环境的污染。所以两步发酵法属于更为清洁的生产工艺。

思　考　题

1. 清洁生产主要包括哪些研究内容？

2. 简述清洁生产与末端治理的区别。

3. 为什么说清洁生产是相对性概念？

4. 简述清洁生产实施的途径。

5. 查阅文献，找出中草药提取可采用的清洁生产技术有哪些？

6. 查找一篇关于某种药物或药物中间体合成的清洁生产工艺，与该物质传统工艺进行比较，分析此清洁生产工艺的特点。

第四章　制药企业资源回收

【学习目标】

① 了解资源回收的总体思路；

② 理解企业实施资源回收的必要性；

③ 通过实例分析，掌握企业实施资源回收的步骤；

④ 树立资源回收的理念，学会对制药企业的资源回收情况进行分析。

第一节　资源回收的程序

一、总体思路

企业实施资源回收的总体思路为：通过现场调查，找出废弃物的产生部位，通过物料平衡核算废弃物的产生量；再根据生产过程找出废弃物产生的原因，提出减少或消除废弃物的方案；然后有针对性地设计相应的资源回收方案，包括无/低费方案和中/高费方案，方案可以是一个、几个甚至几十个；最后通过实验确定消除这些废弃物产生的根源，从而达到减少废弃物产生的目的。

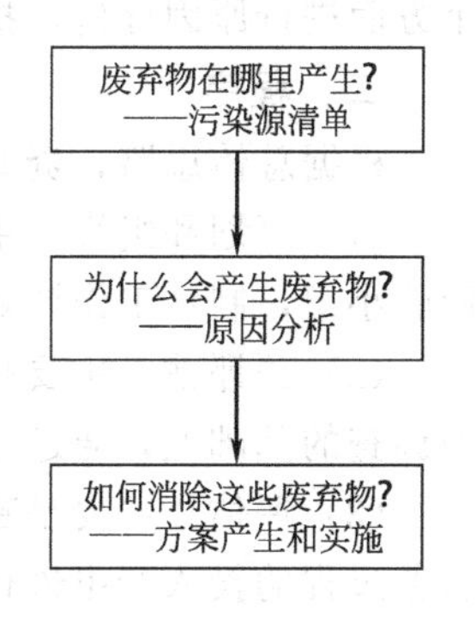

图 4-1　资源回收的总体思路图示

资源回收的总体思路如图 4-1 所示。

制药企业的一般生产过程可以用图 4-2 简单地表示出来。

根据上述一般生产过程框图，废弃物产生的原因可以从原辅材料和能源、技术工艺、设备、过程控制、产品、管理、员工、废弃物八个方面进行分析。

(1) 原辅材料和能源　原材料和辅助材料本身所具有的特性如毒性、难降解性等，在一定程度上决定了产品及其生产过程对环境的危害程度，因而选择对环境无害的原辅材料是清洁生产所要考虑的重要方面。同样，作为动力基础的能源，也是每个企业所必需的，有些能源（如煤、石油等）在燃烧过程中直接产生废弃物，而有些则间接产生废弃物（如一般电的使用本身不产生废弃物，但火电、水电和核电的生产过程均会产生一定的废弃物），因而节约能源、使用二次能源和清洁能源也将有利于减少污染物的产生。

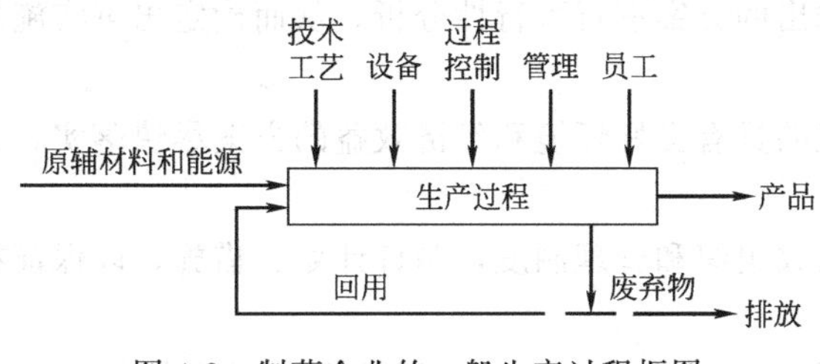

图 4-2　制药企业的一般生产过程框图

(2) 技术工艺　生产过程的技术工艺水平基本上决定了废弃物产生的量和状态，先进而有效的技术可以提高原材料的利用效率，从而减少废弃物的产生；通过技术改造，预防和减少废弃物产生是实现清洁生产的一条重要途径。

(3) 设备　设备是实施技术工艺、生产操作的关键因素，在生产过程中具有重要作用，设备的适用性及其维护、保养等情况均会影响到废弃物的产生。

(4) 过程控制　过程控制对许多生产过程是极为重要的，例如化工、制药及其他类似的生产过程，反应参数是否处于受控状态并达到优化水平（或工艺要求），对产品的利率和优质品的得率具有直接的影响，因而也就影响到废弃物的产生量。

(5) 产品　产品的要求决定了生产过程，产品性能、种类和结构等的变化往往要求生产过程作相应的改变和调整，因而也会影响到废弃物的产生。另外，产品的包装、体积等也会对生产过程及其废弃物的产生造成影响。

(6) 废弃物　废弃物本身所具有的特性和所处的状态，直接关系到它是否可现场再用和循环使用。“废弃物”只有当其离开生产过程时才称其为废弃物，否则仍为生产过程中的有用材料和物质。

(7) 管理　加强管理是企业发展的永恒主题，任何管理上的松懈均会导致废弃物的产生。

(8) 员工　任何生产过程，无论自动化程度多高，从广义上讲，均需要人的参与，因而员工素质的提高及积极性的激励，也是有效控制生产过程和废弃物产生的重要因素。

当然，以上八个方面的划分并不是绝对的，虽然各有侧重点，但在许多情况下存在着相互交叉和渗透的情况。例如一套大型设备可能就决定了技术工艺水平；过程控制不仅与仪器、仪表有关系，还与管理及员工有很大的联系等。对于每一种废弃物的产生，都要从这八个方面进行原因分析，找出其中一个或几个主要原因，有针对性地减少和消除废弃物。

二、程序

根据总体思路，资源回收过程可分解为具有可操作性的7个步骤，或者称为7个阶段。

(1) 筹划和组织　主要是进行宣传、发动和准备工作，取得企业领导的支持，成立资源回收小组，制订工作计划。

(2) 预评估　主要是选择审计重点，确定资源回收目标。在对企业生产基本情况进行全面调查的基础上，通过定性与定量分析，确定资源回收的重点。

(3) 评估　主要是建立审计重点的物料平衡，并进行废弃物产生原因分析。通过对生产服务过程的投入产出进行分析，建立物料平衡、水平衡、资源平衡，找出物料流失、资源浪费的环节。

(4) 方案产生和筛选　在对物料流失、资源浪费、污染物产生和排放进行分析的基础上，针对废弃物产生原因，提出通过实施资源回收达到国家或地方排放标准的工程技术方案，并进行方案筛选，编制企业资源回收试验报告。

(5) 可行性分析　主要是对阶段4筛选出的方案进行可行性分析，从而确定出可实施的方案。

(6) 方案实施　组织企业员工对已确定的具有良好环境和经济效益的方案尽快落实，并分析、跟踪、验证方案的实施效果。

(7) 持续资源回收　建立和完善资源回收组织和管理制度，制订计划、措施，以保证在企业中持续推行资源回收，最后编制报告。

企业资源回收是一项系统而细致的工作，在整个过程中应注重充分调动全体员工积极性，解放思想，克服障碍，以取得资源回收的实际成效，并巩固资源回收成效。其操作要点如下。

(1) 充分发动群众献计献策。

(2) 贯彻边审计、边实施、边见效的方针，成熟一个实施一个。

(3) 对已实施的方案要进行核查和评估，并纳入企业的环境管理体系，以巩固成果。

(4) 在方案产生和筛选完成后，要编写中期审计报告，对前几个阶段的工作进行总结和评估，从而发现问题、找出差距，以便在后期工作中进行改进。

第二节　资源回收的步骤

工业产品在生产消费过程中生成的废品和废料是造成工业环境污染的主要来源，也是引起资源耗竭的主要原因。原料在生产过程中，一部分变成产品，另一部分变成了废料，这一部分废料是由于生产过程中各种原因而未加以利用或未尽利用的原料。因此，企业实行资源回收就是要改变这种生产发展模式，将原料充分合理地利用，以减缓资源消耗，减轻环境污染，直至消除废料。企业实行资源回收一般要经过准备阶段、审计阶段、制定方案、实施方案、编写报告五个步骤。

一、准备阶段

企业高层领导决定在企业中实施资源回收，并积极支持和参与，协调组建工作小组，制订工作计划，进行必要的物质准备。通过宣传教育，使职工群众对资源回收有一个初步的、比较正确的认识，消除思想上和观念上的一些障碍。

1. 领导决策

企业资源回收是一个改善企业形象、提高企业经济效益和环境效益的综合性现代企业管理手段，涉及企业各部门和全体职工，没有企业厂长（经理）的亲自参与，难以组织协调企业各部门，难以保证提供所必需的人员、资金和物质，难以落实技术改革方案。因此，企业厂长（经理）亲自参加是资源回收工作能够顺利进行的前提和达到预期效果的保证。

资源回收是企业走可持续发展道路的良好举措，厂长（经理）要认识到开展资源回收的重要性和必要性，了解到开展资源回收有利于企业发展和提高竞争能力。企业各部门负责人和职工要认识到开展资源回收的意义，初步分析企业开展资源回收的潜在效益，为企业厂长（经理）决心开展资源回收提供有力的支持和证据，以促使企业厂长（经理）下决心开展资源回收。企业厂长（经理）一旦决定开展资源回收，应立即签署企业开展资源回收工作的正式文件（通知），将开展资源回收的决定和要求下达给每一个部门和职工。

2. 组建工作小组

企业开展资源回收工作必须组建一个由具有企业管理经验和技术特长的人员组成的工作小组。一个强有力的、具有权威性的清洁生产工作小组，是企业成功开展清洁生产的关键。资源回收应该是企业一项持续的、日常性的工作，工作小组要成为企业的一个常设机构，为企业持续进行资源回收开展工作。

资源回收工作小组组长是小组的核心，应由企业的主要领导兼任，如企业厂长（经理）、负责企业生产的副厂长（副经理）或总工程师。小组成员主要来自生产车间或生产一线、技术部门、环境保护部门、材料供应部门的管理人员、财务部门的工作人员、质量保证部门的工程师。企业还可根据需要聘请专家，对工作小组成员进行资源回收概念、实施步骤和克服实施资源回收障碍的方法等进行培训。

3. 制订工作计划

必须制订一个比较详细的工作计划，使企业能够按照一定的程序和步骤顺利开展资源回收。工作计划要对企业资源回收工作的进度进行详细安排，包括人员分工、物质准备和时间进度安排等内容。每一项工作任务都要指定专人负责，明确起始时间和完成时限，以及需要的物质保障。工作计划应根据工作进展的实际情况随时修改和补充，使工作计划能成为真正指导、监察企业资源回收开展情况的主要依据。

4. 宣传动员和培训

资源回收需要企业全体职工积极参与。在企业职工中全面开展清洁生产的宣传、教育和培训是非常必要的，取得企业内部各部门和广大职工的支持，让企业职工理解资源回收的基本概念、步骤和技术原则，认识到企业开展资源回收的必要性和重要性，转变传统的生产观念和思维方式，克服在推行资源回收过程中思想观念和认识方面、技术和知识信息方面、管理规章制度及政策法规方面的障碍，自觉地投入到企业的资源回收工作中。同时，各部门要进行必要的物质准备，要对生产设备进行必要的检修和清理，要准备必要的计量器具、采样分析检测设备和仪器，总之，要做好一切物质和精神准备。

二、审计阶段

审计阶段是企业开展资源回收的核心阶段，在对企业进行全面调查分析的基础上，确定企业资源回收的重点，进行物料平衡与能量平衡测试，分析废物产生、物料损失和能量流失的原因及部位，为制定回收方案奠定基础。在审计过程中，要注意设计并实施明显的无费用、低费用方案，做到边审计边实施。审计阶段由确定审计对象和实施审计两个基本步骤组成。

1. 确定审计对象

首先要对企业进行现状调研、考察，进行企业基本情况的调查，包括企业所在地理位置、地形地势、气象和生态环境；企业规模、产值、利税及发展规划；企业生产、排污情况，包括工艺技术路线及能耗、水耗、物耗等；废物产生部位、排放方式和特点；污染物形态、性质、组分和数量；污染治理现状，废物综合利用、回收、循环利用情况；同类产品和工艺的国内外水平状况及可借鉴的技术和设备等；工艺中最明显的废物产生点和废物流失点；原料的输入和产出，物料管理状况等。

然后根据上述调查情况，选择超标严重、生产效率低、资源浪费严重的部位，先从一个车间、工段、生产线开始进行资源回收，再逐渐向更广的范围推进，要对能迅速见到经济、环境效益的项目，制定明确的资源回收目标，确定资源回收的审计对象。

2. 实施审计

对选定的审计对象进行物料、能量平衡测试，并从原材料、工艺技术、生产操作管理、废物处理与综合利用等方面，计算物料、能量的消耗，分析废物产生与排放的原因，并从以下五个方面实施审计。

(1) 编制审计对象的工艺流程图　工艺流程图是以图解形式描述企业从原料投入到产品产出、废品生成的生产全过程，是实际生产状况的形象说明。通过现场调查和分析，收集审计对象的资料数据，绘制审计对象的工艺流程图，并编制工艺流程中各操作单元功能说明。

(2) 测算物料、能量平衡　对审计对象中各操作单元的原材料、水、能量等投入和产出进行测量和计算，定量确定废弃物数量、成分、去向，从中找出无组织排放和未被注意的物料流失，进而算出物料、能量的损失量和污染物产生量，绘制物料和能量平衡图。

(3) 分析物料和能量损失原因　从原辅材料和能源、技术工艺、设备、过程控制等八个方面，对物料和能量平衡结果进行全面系统地评估，找出导致物料和能量损失的因素，寻找污染物的来源，分析引起废物排放的主要原因。

(4) 科学定义废弃物　废弃物其实就是资源放错了位置或未合理使用，也就是在错误的地点、错误的时间放置了错误的资源。所以通过全面分析，找出有回收价值的废弃物，通过回收处理、循环配置，实现其价值增值，从而再创财富。

(5) 废物分流　将危险物与非危险物分开；将废物中所含污染物尽可能分开，如将液体废物与固体废物分开，将接触过物料的污水与未接触物料的废水分开，以避免相互混合，降低资源回收的成本，如冷却水经简单降温后可循环利用，仅将污水进行处理。

三、制定方案

制定方案阶段是在准备阶段和审计阶段的基础上，对审计对象进行物料和能量损失原因的分析，组织企业全体职工为实施清洁生产提出合理化建议，制定多个资源回收方案。然后对所作的方案进行汇总、分类、筛选，优选出3～5个重点方案，并对重点方案进行技术、环境和经济可行性分析，选定可实施的方案。制定方案阶段是由征集方案、筛选方案、可行性分析和选定方案四个步骤组成。

1. 征集方案

资源回收工作小组负责组织企业职工从节约原材料、减少污染物排放、提高企业经济效益等方面，为企业发展寻找最佳途径，提出资源回收方案。并将审计阶段取得的成果介绍给企业的全体职工，特别是参加清洁生产创意活动的职工，向他们讲解审计对象的物料和能量平衡图，分析物料、能量损失和污染物产生的原因与部位，为企业资源回收方案的提出做好前期准备。

企业员工根据资源回收审计对象的物料、能量平衡结果与废物产生原因分析，从原材料替代、生产操作管理、工艺技术与设备改进、产品包装和废物综合利用等方面广泛开展讨论，提出合理化建议，拟订资源回收方案。

2. 筛选方案

对企业职工提出的方案进行分析、初选和合并，并根据其技术类型或实施难易程度进行分类；再将征集的资源回收方案进行汇总，选择投资较少、技术简单的无费、低费方案立即组织论证；对投资较大、技术基本可行的方案，用权重加和法进行筛选，选出3～5个重点方案进行可行性分析；投资太大或技术上暂不可行的方案，进行存档处理。

3. 可行性分析（方案评估）

对筛选出来的重点方案进行技术、环境和经济可行性分析。通过分析比较，选出技术上可行，又可获得最佳环境、经济效益的方案优先实施。可行性分析包括以下几方面。

（1）方案简述　对优选出来的方案名称、类型、基本内容、现有生产状况的变化、实施要求、实施后对生产和环境的影响等方面进行简单介绍和描述。

（2）技术可行性分析　对重点方案在技术先进性、成熟性、可操作性和可实施性等方面进行系统地研究和分析。

（3）环境可行性分析　对重点方案进行全面研究和分析，具体分析方案实施前后产生的废弃物的差别，预测和评价重点方案实施后污染物排放、能源消耗和环境影响等方面的变化情况。

（4）经济可行性分析　对已通过技术和环境可行性分析的方案进行投资偿还期、净现值和内部投资收益率等各种经济学参数的计算和预测，为投资者提供科学决策依据。

4. 选定方案

根据方案的技术、环境和经济可行性分析，选定最终可实施的资源回收方案。

四、实施方案

企业开展资源回收的最终目的是通过实施一系列资源回收方案，实现资源回收目标，改善企业管理，减少生产浪费和污染，降低成本，使企业获得良好的经济效益和环境效益。

1. 方案实施

企业根据自身实际情况，统筹安排制订实施计划，筹措资金，按步骤组织实施。首先根据选定的方案，结合企业的经济、人员和资金情况，制订实施资源回收方案的工作计划；然后协调安排人员，积极寻求和解决实施资源回收方案所必需的资金；最后对方案进行具体认真严格的实施，以最终取得预期效果。

2. 方案实施效果评估

对已实施的方案进行全面及时地跟踪分析，通过收集、整理、统计和分析已实施方案的经济效益和环境效益，来了解企业资源回收的潜力，为进一步推广资源回收、制订后续行动计划等工作指明方向，并提供有力的依据。

3. 资源回收后续计划制订

资源回收是对企业生产工艺和产品不断地进行改进的战略，是一个连续不断地改进企业管理、改革工艺、降低成本、提高产品质量和减少对环境污染的过程。制订资源回收后续行动计划，使企业将资源回收纳入经营管理日常工作中，扩大实施资源回收的范围和深度，继续给企业带来更大的效益。

（1）制订后续行动计划　在企业完成重点资源回收项目之后，制订继续开展资源回收的工作计划，明确新一轮资源回收审计对象、起止时间、责任分工、宣传培训的措施等，安排好资源回收方案实施情况的监督和跟踪工作，并制订研究开发新的资源回收计划。

（2）完善资源回收组织　企业在开展资源回收工作的基础上，要积极总结经验教训，认真评价资源回收工作小组的工作，并根据后续实施资源回收的审计重点，进一步完善资源回收组织，明确职责和任务。

五、编写报告

在实施资源回收的过程中，要随时记录和汇总数据，评价实施效果，寻找新的资源回收机会。最后要编写总结报告，评估实施资源回收的经济效益、环境效益和社会效益。

第三节　资源回收的实施

一、实施的措施

1. 组织保证

提高组织领导层对资源回收的认识，是顺利推行资源回收的决定因素。目前企业实行的是经理（或厂长）负责的行政管理体制，他们决定着企业的管理模式和资源回收技术的应用程度。资源回收的实施涉及企业生产、技术、管理等各个部门，部门的职责不同，在生产中所起的作用不同，因此需要建立组织保证机构，高层领导直接参与协调安排。

2. 转变传统观念

长期以来，有产量就有效益的观念在企业领导与员工的头脑中根深蒂固，把绝大部分精力都集中在生产上，而忽视产品的生产成本与资源的综合利用。随着治理污染成本的不断增加，企业增支减利因素加大，生存空间越来越窄，从而面临生存危机的严峻形势。在环境保护要求日益严格的情况下，企业要生存就必须做到生产与环境协调发展，必须解放思想，必须认识到目前生存所面临的危机，必须转变传统观念以适应市场经济的新形势。通过宣传、教育、培训等措施，使员工都能认识到实施资源回收不仅是环境保护的要求，也是企业降低生产成本、提高经济效益、赢得市场竞争、持续发展的必由之路，同时也关系到每个员工的切身利益。通过教育与培训，提高员工实施资源回收的积极性，使员工掌握资源回收知识和技术，掌握新的操作技能，才能更好地实施资源回收。

3. 完善管理措施

资源回收实质上是一种降低物耗、能耗的生产活动的规划和管理。建立一套健全的管理体系，能大量减少污染物和废弃物的产生，使人为的资源浪费和污染排放减至最小，并最大限度地实施资源回收。因此，企业实施资源回收就必须改变传统的管理模式，完善管理措施，将资源回收纳入生产管理全过程，把末端治理与生产工艺过程相结合，实施生产过程控制及废物循环再利用的清洁生产，最大限度地利用资源，降低生产成本，减少环境风险，并对生产工艺过程中难以避免产生的非产品，进行工艺内、外循环利用，减少末端治理负荷。

4. 加强原料、燃料管理

加强原料、燃料管理是实施资源回收的重要措施之一。目前，多数企业生产过程污染物的产生和物料流失环节不是技术问题，而是由于管理不善造成的，所以在分析污染物产生和生产效率低的影响因素时，一定要分析生产运行管理中是否有缺陷。加强原料、燃料管理，提高原料、燃料品质，使资源得到合理配置，以减少原料、燃料等物料流失，使企业在有限资金投入的情况下，降低产品成本，并从根本上控制污染物的排放。因此，对原料、燃料实施有效的管理，可带来可观的经济效益。

5. 改进、完善工艺和设备

资源浪费的本质是由于投入生产中的资源未能物尽其用，不能转化到产品中，而成为废气、废液、固体废物进入环境中，污染了空气、水体和土地。按照污染预防、全过程控制的原则，树立“降耗、节能、减排、增效”的企业发展观，尽可能地减少生产过程中废物的产生和排放，尽最大可能提高每一道工序的原材料和能源利用率，减少生产过程中资源的浪费和污染物的排放。生产工艺与装备水平的高低决定了产生废物的数量、种类和对环境影响的大小，通过定期设备检修与维护，提高设备的使用率和完好率，通过不断完善和优化工艺，提高生产效率，使企业真正做到减污、降耗，提高产品质量。同时，加大资源回收的力度，提高单位产品或单位产值的能源和资源利用率，降低原材料消耗，节约能源，在生产过程中，尽可能提高产品的转化率、吸收率，充分利用投入的资源和能源，以最优的质量、最低的成本占领市场，更好地提高企业的市场竞争力。

6. 更新设备

企业实施资源回收方案要与设备更新改造相结合，通过选用国内外先进设备，淘汰能耗、物耗高的陈旧技术和设备，可提高生产效率，降低生产成本，提高产品质量，减少污染物排放，保证生产运行稳定，不出现事故，减少非计划停工。如果设备出现大的故障，就会迫使生产装置停工检修，卸出的物料就会白白排放而造成损失并污染环境；即使设备出现不影响正常生产的小故障，同样会造成污染和物料流失，所以设备的更新对企业十分重要。

7. 综合利用

在正常操作情况下，单位产品对资源的消耗程度可以部分反映一个企业的技术工艺和管理水平，资源的消耗越高，则对环境的影响越大。废弃物的综合利用是资源回收的主要措施之一，将废物回收利用，变害为宝，物尽其用，既减少了对环境的污染，又节约了资源，降低了生产成本，提高了企业的市场竞争能力。

资源回收要求企业产生的非产品物质在生产过程中加以循环利用，以提高原材料、燃料的利用率。企业应根据自身的情况，遵循资源综合利用与企业发展相结合、与污染防治相结合的原则，积极推动资源节约和综合利用工作，努力提高资源的综合利用水平，促进企业的发展，通过多种途径实现经济效益与环境效益、社会效益相统一。

提高资源综合利用的措施主要包括：①安装必要的高质量监测仪表，通过计量监督，及时发现问题；②加强设备检查维护、维修，杜绝跑、冒、滴、漏，以节约资源；③建立包括环境考核指标在内的岗位责任制和管理职责，防止生产事故；④有效地进行生产调度，合理安排生产批量，进行工艺技术革新，改进操作方法；⑤实施产品的全面质量管理；⑥原材料的合理购进、贮存与妥善保管；⑦完善可靠翔实的统计和审核体系；⑧加强人员培训，提高职工素质，通过培训使职工了解如何监测泄漏和物料损失，对工艺操作工和维修工应进行如何减少废物排放的培训；⑨建立激励机制与公平奖惩制度，鼓励职工提出减少废物量的合理化建议，保护职工参与资源回收的积极性和主动性。

8. 扩大资金来源

资金问题是企业最关心的问题。资源回收需要企业的一定投入，不仅包括设备等硬件投入，还包括管理人员、技术人员和操作工人的时间、技术等软件的投入，因此企业应多渠道筹措，以保证资金足额到位。

首先，选用无费或低费方案。无费或低费方案投资少，见效快，并且利用实施无费或低费方案取得的经济收益，继续投入到中费或高费方案中，以弥补资金不足，推进资源回收的深层次发展。

其次，可控制非生产性开支，挖掘企业资金潜力。在所提出的资源回收方案中，相当一部分备选方案是针对工艺配置不完善或设备构造不合理而提出的，因此企业应当依靠员工的聪明才智和积极性，结合设备检修，完善和改进原有的工艺和设备，按照资源回收要求，解决工艺设备问题，减少资金投入。

最后，还可争取外援。在企业自筹的基础上，通过广开渠道，争取外来资金、技术和设备支持，以弥补资金不足。

9. 企业实施资源回收遇到的问题

最近几年来，企业对资源回收及综合利用越来越重视，取得了可喜的进展，积累了许多成功的经验，更取得了一定的效果，但是企业在实施资源回收的具体过程中，仍存在着一定的问题，归纳起来有以下几个方面。

(1) 认识不到位　企业要想持续地实施资源回收，不仅需要有良好的外部环境，更重要的是企业能否自觉自愿地实施资源回收。目前，大多数企业对再生资源回收的意义认识不足，社会认同度低，至今仍把废旧物资回收当作“拾破烂”来对待，在社会经济活动中或排斥、或鄙视，没有摆到应有的位置，严重忽视了它的资源意义和环保意义。

(2) 缺少统一管理和行业标准　我国再生资源回收行业的管理没有一个国家性法规，导致无法可依，管理无序，资源回收渠道出现混乱的局面，严重影响了公共安全。由于现有机制不健全、管理不到位，使废旧物资回收成了藏污纳垢的场所，造成了严重的资源损失。

(3) 回收利用率低　许多可以回收利用的资源，没有得到有效地回收与利用，造成严重的资源浪费。

(4) 回收企业难以经营　目前大多数资源回收企业规模小，工艺技术落后，使回收产品的技术含量和附加值都很低；而且由于资金不足，企业没有条件和能力采用新工艺技术，更谈不上对资源回收技术的开发和研究，致使回收企业难以良性发展。

二、资源回收利用实例——抗生素废料的综合利用

抗生素生产的主要原料为豆粉饼、玉米浆、葡萄糖、麸质粉等，经接入菌种进行发酵，产生各种抗生素，然后再经过固液分离，滤液进一步提取抗生素后会产生大量污水，滤渣即为固体废料（药渣）。不言而喻，将药渣采用掩埋或直接排入下水道的方式，不仅严重污染环境，还会占用大量土地，同时，还浪费了宝贵的资源。实际上抗生素生产的主要原料均为

粮食和农副产品，因此，药渣及处理污水的活性污泥中蛋白质含量较高，可以用来生产高效有机肥料或饲料添加剂。

1. 污水处理产生的活性污泥肥料化

(1) 污泥直接干燥和造粒生产　该工艺是将未经消化的污泥通过烘干杀灭病菌后，再混合造粒成为有机复合肥。其生产工艺如图 4-3 所示。

N、P、K 养分
↓
脱水污泥→有机质烘干灭菌→粉碎集贮→混合搅拌→筛选→成品烘干→成品

图 4-3　污泥直接干燥和造粒生产工艺

此工艺存在的问题为污泥烘干过程中臭味较大；生产成本控制主要表现为干燥过程热能消耗大，造成燃料成本比较高。

(2) 污泥堆肥发酵　污泥经过堆肥发酵后，可使有机物腐化稳定，把寄生卵、病菌、有机化合物等消化，提高污泥肥效。其发酵工艺如图 4-4 所示。

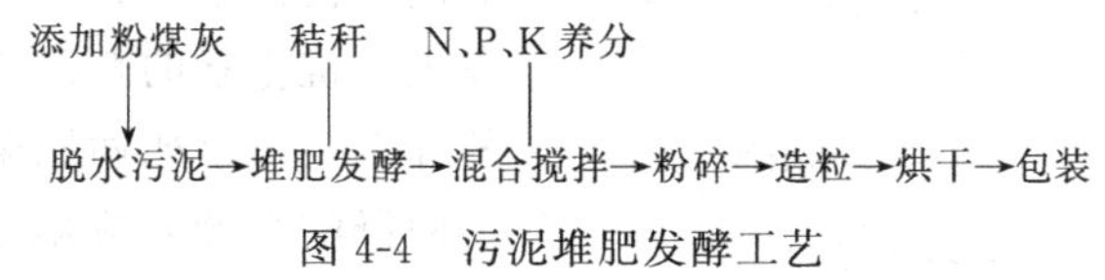

图 4-4　污泥堆肥发酵工艺

脱水污泥按 1∶0.6 的比例掺混粉煤尘，降低含水率，在自然堆肥发酵时，加入锯末或秸秆作为膨胀剂，还可增加养分含量。该工艺的优点为恶臭气体产生相对减少，病菌通过发酵过程基本被消除；缺点是占地面积较大。

(3) 复合微生物肥料的生产　复合微生物肥料是一种很有应用前景的无污染生物肥料，此类肥料目前主要依赖进口，国内应用与生产刚刚起步。其生产工艺如图 4-5 所示。

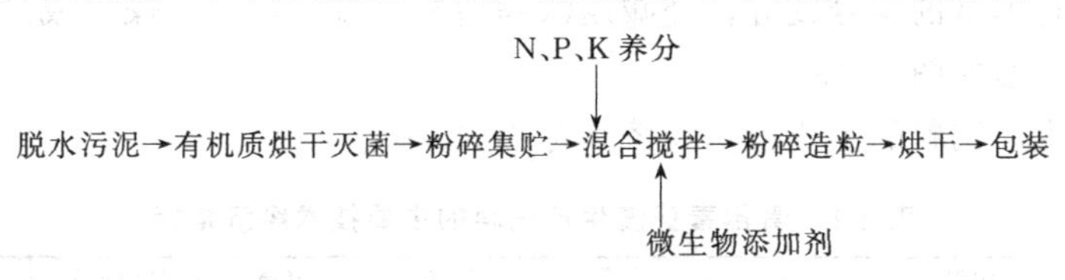

图 4-5　复合微生物肥料的生产工艺

本工艺与普通工艺并无多大区别，仅在混合部分增加了一个掺混微生物添加剂的工序。本工艺以烘干工序为关键，控制不当对有机质及微生物均有一定影响。其主要问题为目前微生物添加剂依赖技术引进，转让费较高，存在除臭、除尘等问题。微生物复合肥由于技术含量较高，生产厂家较少，利润空间相对较大。

2. 药渣生产饲料添加剂

江西某制药有限公司为处理每年 3500t 药渣，筹建了年生产 500t 饲料添加剂的生产线，取得了明显的经济效益、环境效益和社会效益。

(1) 药渣生产饲料添加剂的可行性　新鲜青霉素药渣（含水可达 85%左右），在 25℃以上易受杂菌感染，几小时即开始腐败，因此不宜长久堆放与运输。研究表明，药渣产品（干基）经检测，十八种氨基酸含量平衡，综合营养优于豆粕 1 倍，无残留青霉素、无毒性；通过喂养试验，完全可以作为畜禽及养殖业喂养使用的高蛋白质饲料添加剂。

世界卫生组织、联合国粮农组织及美国、日本等国家积极开展高蛋白质饲料的研制工作。美国自 20 世纪 70 年代开发直接饲用的微生物研究并已用于生产，美国饲料控制官员协会曾公布可直接饲用的安全微生物 42 种，而真正用于配合饲料的活体微生物主要有乳酸菌、粪链球菌、芽孢杆菌及酵母等；1990年从直接饲用的微生物制剂中分离出的常见菌种有嗜酸乳菌、保加利亚乳杆菌、植物乳杆菌、干枯乳杆菌、双歧杆菌等。日本20世纪80年代初研制EM-微生态制剂，其微生物种群由光合细菌、酵母菌、乳酸菌、放线菌、丝状真菌等5科10属80种微生物组成。1989年全球微生物制剂总销售额已达7500万美元，1993年为1.22亿美元；近几年来发展更为迅速，估计销售额达到5亿美元。

美、欧等一些国家相继限用和禁用抗生素，大大推动了微生物制剂行业的发展。实践证明，微生物制剂具有组成复杂、性能稳定、功能广泛、无毒、无害、无残留物、无耐药性、无污染等特点，是一种很好的饲料添加剂。经大量喂养试验证明，它具有防病、抗病、促生长、提高消化吸收率和成活率等功能，还能消除臭味、净化环境、节约饲料，对改善肉、蛋、奶的品质和风味有较好的功效，是高附加值的菌体蛋白饲料，有利于改善生态环境、保障人体健康。

大家都知道，抗生素在畜牧业中的广泛应用，促进了畜牧业的发展，但近年来研究发现，抗生素的普遍应用也带来了难以克服的弊端，在杀死病原菌的同时，也破坏了肠道菌群的平衡，影响了畜禽的健康。为此，反对饲料中添加抗生素已成为欧美国家的共同呼声，并计划用10年左右将其淘汰，这就迫使人们寻求新的生物制剂代替抗生素，改善畜禽的健康。废药渣中是否存有抗生素是一个值得注意的问题。

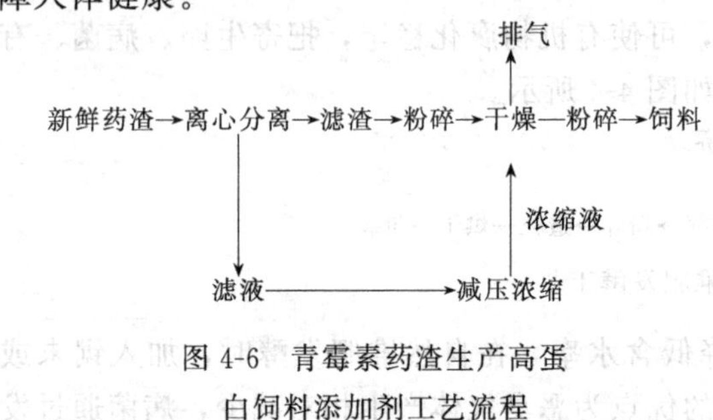

图4-6 青霉素药渣生产高蛋白饲料添加剂工艺流程

(2) 生产工艺流程　新鲜药渣经离心分离机高速脱水后，滤渣粉碎后经高温气流干燥器干燥，滤液仍含有丰富的营养成分，经减压浓缩后经气流干燥器干燥，成品经粉碎后装袋即为产品。其工艺流程如图4-6所示。

青霉素药渣生产饲料的主要技术经济指标见表4-1。

表4-1 青霉素药渣生产饲料的主要技术经济指标

生产规模/(t/a)	药渣/(t/a)	包装袋/(只/a)	水/(t/a)	电量/(kW·h)	蒸汽/(t/a)	定员/人	占地面积/m²	设备投资/万元	总投资/万元
500	3500	20000	1500	15万	1500	12	360	194	291.78

(3) 效益分析　该产品质量好、成本低，在市场上有很强的竞争力。销往韩国，每吨销售价格320美元，年销售收入约16万美元（折合人民币约135万元）；扣去生产成本（能耗、包装费、维修费、管理费、工资、设备折旧等）36万元人民币，该项目年利润可达到99万元人民币；同时，项目总投资回收期为3年，效益比可达到3.8。

该项目消除了青霉素药渣对环境的污染，同时在生产肥料和饲料过程不产生二次污染。

思考题

1. 简述企业实施资源回收的总体思路。
2. 企业实行资源回收需经历哪7个步骤？
3. 如何解决企业实施资源回收过程中遇到的问题？

第五章　液体资源的分析与处理

【学习目标】

① 了解药品生产中废液的来源、分类及特性；

② 熟悉废液排放控制标准；

③ 掌握液体资源常用分析方法；

④ 通过实例分析，学会利用废液处理常用工艺技术对液体资源综合利用工艺进行综合分析比较。

第一节　液体资源利用的特点

一、液体资源的特点与应用

1. 液体的特点

液体具有以下特点：①没有确定形状，具有流动性，往往受容器影响。容器是什么形状，注入液体，液体就呈现什么形状；②具有一定体积。液体的体积在压力及温度不变的环境下，是固定不变的；③很难被压缩。

液体虽然没有确定的形状，但它的体积在压力及温度不变的情况下是固定不变的。增温或减压一般能使液体气化成为气体，例如将水加温成水蒸气；加压或降温一般能使液体凝固成为固体，例如将水降温成为冰。然而，仅加压并不能使所有气体液化，如氧、氢、氦等。

2. 药品生产中液体资源的应用

(1) 溶剂（溶媒）　溶剂通常是透明、无色的液体，他们大多都有独特的气味；溶剂通常有比较低的沸点，容易挥发或可以由蒸馏来去除，从而可以循环套用，但溶剂的沸点不能太低，否则在生产过程中溶剂损失较大，对环境影响较大。

溶剂可以部分或全部溶解固体、液体或气体溶质，继而成为溶液。按化学组成可以将溶剂分为有机溶剂和无机溶剂。在药品生产中应用最普遍的无机溶剂是水；而所谓有机溶剂，即包含碳原子的有机化合物。有机溶剂在制药生产中有很多作用，它可从混合物中选择性地萃取可溶性化合物，例如用醋酸丁酯从青霉素发酵液中萃取青霉素；也可以作为各种化学反应的介质，为化学反应提供一个使原料充分接触的场所，使反应缓和，温度易于控制，并使反应能够充分进行。

有机溶剂多数是容易燃烧的，当溶剂蒸气在空气中达到一定浓度时，会发生爆炸。大部分有机溶剂都有一定的毒性，特别是挥发性溶剂，其蒸气带来的毒性、易燃性、爆炸性更不可忽视，即使是挥发性很小的溶剂，直接与之接触也是有害的，因此，对溶剂的安全性应保持足够的重视。人们对液体溶剂或蒸汽浓度大的溶剂容易进行防护，而对蒸汽浓度小的溶剂往往容易忽视。

为了避免工业溶剂对健康的损害，在技术管理上应注意以下几点：①操作时，溶剂蒸气浓度应保持在安全限度以下；②即使是短暂的或断续的操作也不应该与高浓度的溶剂相接触；③不要将皮肤与溶剂直接接触；④使用溶剂的设备最好全部采用密闭式，在敞口设备使用溶剂时，应注意通风。

选择合适的溶剂非常重要，要综合考虑多方面的因素，如溶解能力、挥发速度、安全性、经济性、来源性和贮存稳定性等；另外，溶剂不能与溶质产生化学反应，它们必须为惰性溶剂。一种好的溶剂必须要有良好的溶解性能，这可由溶解度参数和氢键指数来判断。

（2）冷却水　是指用以降低被冷却对象温度的水。化工生产过程中需用大量的冷却水，如生产 1t 烧碱，大约需要 100t 冷却水。冷却一般有直接冷却和间接冷却两种方式，当采用直接冷却时，冷却水直接与被冷却的物料进行接触，这种冷却方式传热效率高，但很容易使水中含有化工物料而成为污染物质。当采用间接冷却时，虽然冷却水不与物料直接接触，但因为在冷却水中往往加入防腐剂、杀藻剂等化学物质，排出后也会造成污染问题，即使没有加入有关的化学物质，冷却水也会对周围环境带来污染，如热污染等。

二、废液的来源、分类及特性

在药品生产中还有许多原料、中间产物和产品是液态的，这些液体在应用过程中，常被药品生产过程产生的副产物所污染，从而形成废液。在化学制药厂的污染物中，以废液的数量最大、种类最多、危害最严重、对可持续发展的影响最大，它是化学制药厂污染物无害化、资源化处理的重点和难点。

1. 废液的来源

制药废液的来源很多，如废母液、反应残液、蒸馏残液、清洗液、废气吸收液、废渣稀释液、排入下水道的污水以及系统跑、冒、滴、漏的各种料液等。

（1）产品生产过程产生的副产物　制药生产进行主反应的同时，经常伴随着一些人们所不希望的副反应，副反应产物（副产物）虽然有的经过回收之后，可以成为有用的物质，但是往往由于副产物的数量不大，而且成分又比较复杂，要进行回收必将会带来许多困难，需要耗用一定的经费，所以往往将副产物作为废料排放而引起环境污染。

（2）化学反应不完全而产生的废液　未反应的原料虽可以经分离后再使用，但在循环使用过程中，由于杂质越积越多，积累到一定程度，就会妨碍反应的正常进行。这种残余的浓度低且成分不纯的物料常以废液形式排放出来。

（3）生产过程不稳定而产生的废液　生产工艺技术及设备落后，常造成反应产率低，设备的跑、冒、滴、漏严重，致使废液排放量增大。

（4）各种单元操作产生的废液　如过滤过程产生的滤液、萃取过程产生的萃余液、蒸馏残液、结晶母液等，这类废水一般有机污染物含量较多，有的还有毒性，不易生物降解，对水体污染影响较大。

（5）废气、废渣处理过程产生的废液　如洗涤除尘又称湿式除尘，它是用水（或其他液体）洗涤含尘气体，利用形成的液膜、液滴或气泡捕获气体中的尘粒，尘粒随液体排出，气体得到净化，洗涤除尘的明显缺点是除尘过程中要消耗大量的洗涤水，而且从废气中除去的污染物全部转移到水中，因此必须对洗涤后的水进行净化处理，并尽量回用，以免造成水的二次污染。又如化学制药厂排放的废气中，常见的无机污染物有氯化氢、硫化氢、二氧化硫、氮氧化物、氯气、氨气和氰化氢等，这一类废气的处理方法主要采用吸收法，吸收液由塔顶进入，经喷淋器喷出后，形成雾状或雨状下落，需净化的气体由塔底进入，在上升过程中与雾状或雨状的吸收液充分接触，使气体得到净化，而其中的污染物进入吸收液，产生二次废液污染。

（6）洗涤废水　如产品或中间产物精制过程中的洗涤水，间歇反应时反应设备的洗涤用水。这类废水的特点是污染物浓度较低，但水量较大，因此污染物的排放总量也较大。

（7）地面冲洗水　地面冲洗水主要含有散落在地面上的溶剂、原料、中间体和成品。这部分废水的水质水量往往与管理水平有很大关系，当管理较差时，地面冲洗水的水量较大，且水质也较差，污染物总量会在整个废水系统中占有相当大的比例。

2. 废液的分类及特性

(1) 含悬浮物或胶体的废水　废水中的悬浮物或胶体物质会使水质浑浊，降低水质透光性，影响水生物的呼吸、代谢作用，甚至会使鱼类窒息、死亡。大量的悬浮物或胶体物质还会造成河道阻塞，干涸后吹起扬尘，会形成二次污染。因此，必须对含悬浮物的废水进行治理。

(2) 酸碱性废水　化学制药过程中常排出各种含酸或碱的废水，酸碱性废水直接排放不仅会造成排水管道的腐蚀和堵塞，而且会污染环境和水体。对于浓度较高的酸性或碱性废水应尽量考虑回收和综合利用，如用废硫酸制硫酸亚铁、用废氨水制硫酸铵等。回收后的剩余废水或浓度较低，不易回收的酸性或碱性废水必须中和至中性，中和时应尽量使用现有的废酸或废碱，若酸、碱废水互相中和后仍达不到处理要求，可补加药剂进行中和。

(3) 含无机物的废水　制药废水中所含的无机物通常为各种盐类及重金属离子等，常用的处理方法有稀释法、浓缩结晶法和各种化学处理法。对于不含毒物又不易回收利用的无机盐废水，可用稀释法处理；对于较高浓度的无机盐废水，应首先考虑回收和综合利用，如含锰废水经一系列化学处理后可制成硫酸锰或高纯碳酸锰，较高浓度的硫酸钠废水经浓缩结晶法处理后可回收硫酸钠等。

重金属在人体内可以累积，有毒性且不易消除，所以含重金属离子的废水排放要求比较严格。废水中常见的重金属离子包括汞、镉、铬、铅、镍等离子，此类废水的处理方法主要为化学沉淀法，即向废水中加入某些化学物质作为沉淀剂，使废水中的重金属离子转化为难溶于水的物质而沉淀析出，将其从废水中分离出来。在各类化学沉淀法中，尤以中和法和硫化法的应用最为广泛，中和法是向废水中加入生石灰、氢氧化钠等中和剂，使重金属离子转化为相应的氢氧化物沉淀而除去；硫化法是向废水中加入硫化钠或通入硫化氢等硫化剂，使重金属离子转化为相应的硫化物沉淀而除去。在允许排放的 pH 范围内，硫化法的处理效果较好，尤其是处理含汞或铬的废水，一般都采用此法。

(4) 含有机物的废水　在化学制药厂排放的各类废水中，含有机物的废水的处理是最复杂、最重要的课题。此类废水中所含的有机物一般为原辅材料、产物和副产物等，在进行无害化处理前，应尽可能考虑回收和综合利用。回收后符合排放标准的废水，可直接排入下水道。对于成分复杂、难以回收利用或者经回收后仍不符合排放标准的有机废水，则需采用适当方法进行无害化处理。

第二节　液体资源的分析检测

一、液体资源常用分析检测方法及原则

1. 液体资源常用分析检测方法

目前，虽然水质监测中各检测项目有仪器化、自动化的发展趋势，但水质常规分析还是以化学分析方法为主。表 5-1 是水质监测常用的分析方法。

(1) 化学法　化学法包括重量法、容量滴定法（沉淀滴定、氧化还原滴定、络合滴定和酸碱滴定）和光度法（分光光度法、荧光光度法等），至今仍占监测项目分析方法总数的 50%以上。

(2) 原子吸收法　原子吸收法测定水中痕量金属，操作简单、快速，灵敏度和准确度均

表 5-1 水质监测常用分析方法

方法名称	测定成分举例
重量法	悬浮物、可滤残渣、矿化度、油类、SO_4^{2-}、Cl^-、Ca^{2+}等
容量法	酸度、碱度、CO_2、Mg^{2+}、Cl^-、F^-、CN^-、SO_4^{2-}、S^{2-}、Cl_2、COD、BOD_5、挥发性酚等
分光光度法	Ag、Al、As、Be、Ba、Cd、Co、Cr、Cu、Hg、Fe、Mn、Ni、Pb、Sb、Se、Th、U、Zn、NH_4^+-N、NO_2^--N、NO_3^--N、凯氏氮、PO_4^{3-}、F^-、Cl^-、S^{2-}、BO_3^{2-}、SiO_3^{2-}、Cl_2、挥发性酚、甲醛、三氯乙醛、苯胺类、硝基苯类、阴离子洗涤剂等
荧光光度法	Se、Be、油类等
原子吸收法	Ag、Al、Ba、Be、Bi、Ca、Cd、Co、Cr、Cu、Fe、Hg、K、Mg、Mn、Na、Ni、Pb、Sb、Se、Sn、Te、Tl、Zn 等
氢化物及冷原子吸收法	As、Sb、Bi、Ge、Sn、Pb、Se、Te、Hg
原子荧光法	As、Sb、Bi、Se、Hg 等
火焰光度法	Li、Na、K、SR、Ba 等
电极法	Eh、pH、DO、F^-、Cl^-、CN^-、S_2^-、NO_3^-、KM^+、Na^+、氨等
离子色谱法	F^-、Cl^-、Br^-、NO_2^-、NO_3^-、SO_3^{2-}、SO_4^{2-}、$H_2PO_4^-$、K^+、Na^+、$NH_4{}^+$等
气相色谱法	Be、Se、苯系物、挥发性卤代烃、氯苯类、BHC、DDT、有机磷农药类、三氯乙醛、硝基苯类、PCB 等
液相色谱法	多环芳烃类

较满意。

(3) 离子色谱法 离子色谱是分离和测定水中常见阴、阳离子的技术，选择性和灵敏度均较好，一次进样可同时测定多种成分。

(4) 气相色谱法 气相色谱法是测定水中有机化合物的主要方法。

2. 选择分析方法的基本原则

对于同一个监测项目，可以选择不同的分析方法，但正确选用监测分析方法，是获得准确测试结果的关键所在。一般可遵循以下原则：①灵敏度能满足定量要求；②比较成熟、准确；③操作简便、易于普及；④抗干扰能力强；⑤试剂无毒或毒性较小。

需要指出的是，并不是分析仪器越昂贵、越先进，就一定能获得越理想的测试结果。

二、废液排放控制标准

最早的关于制药行业的废水排放标准是在 2002 年 1 月 9 日，由国家环保总局发布医药原料药生产废水 BOD_5 的排放标准，按 1998 年以前建设的企业和 1998 年以后建设的企业划分，参照味精、酒精行业的排放标准执行。目前国内大部分原料药厂执行的都是之前环保总局发布的《污水综合排放标准》中的二级标准。国家环保总局和国家质监总局首次发布制药工业污水排放标准，为国家强制性标准，此系列标准共分 6 大类，分别是发酵类、化学合成类、提取类、中药类、生物工程类和混装制剂类。从 2010 年 7 月 1 日开始，《制药工业水污染物排放标准》将全面强制实施。

1. 混装制剂类制药工业水污染物排放标准（GB 21908—2008）

该标准规定了混装制剂类制药工业企业水污染物的排放限值、监测和监控要求以及标准的实施与监督等相关规定。

此标准适用于混装制剂类制药工业企业的水污染防治和管理，以及混装制剂类制药工业建设项目的环境影响评价、环境保护设施设计、竣工环境保护验收和建成投产后的水污染防治和管理；通过混合、加工和配制，将药物活性成分制成兽药的生产企业的水污染防治和管理也适用；不适用于中成药制药企业。

在该标准中对污染物排放控制提出限值要求，现有企业及新建企业均执行表 5-2 规定的水污染物排放限值。

表 5-2　混装制剂类制药工业水污染物排放限值

单位：mg/L（pH 值、色度除外）

序号	项目	最高允许排放限值	污染物排放监控位置
1	pH 值	6～9	常规污水处理设施排放口
2	化学需氧量(COD)	60	
3	五日生化需氧量(BOD_5)	15	
4	悬浮物(SS)	30	
5	总有机碳(TOC)	20	
6	急性毒性(以 $HgCl_2$ 计)	0.07	

水污染物排放浓度限值适用于单位产品实际排水量不高于单位产品基准排水量的情况。若单位产品实际排水量超过单位产品基准排水量，应按污染物单位产品基准排水量将实测水污染物浓度换算为水污染物基准排水量的排放浓度，并以水污染物基准排水量排放浓度作为判定排放是否达标的依据。产品产量和排水量统计周期为一个工作日。

2. 中药类制药工业水污染物排放标准（GB 21906—2008）

此标准适用于中药类制药工业企业的水污染防治和管理，以及中药类制药工业建设项目的环境影响评价、环境保护设施设计、竣工环境保护验收及其投产后的水污染防治和管理。适用于以药用植物和药用动物为主要原料，按照国家药典，生产中药饮片和中成药各种剂型产品的制药工业企业。藏药、蒙药等民族传统医药制药工业企业以及与中药类药物相似的兽药生产企业的水污染防治与管理也适用。

在该标准中对污染物排放控制提出限值要求，现有企业及新建企业均执行表 5-3 规定的水污染物排放限值。

3. 化学合成类制药工业水污染物排放标准（GB 21904—2008）

该标准规定了化学合成类制药工业水污染物的排放限值、监测和监控要求以及标准的实施与监督等相关规定。适用于化学合成类制药工业企业的水污染防治和管理，以及化学合成类制药工业建设项目环境影响评价、环境保护设施设计、竣工环境保护验收及其投产后的水污染防治和管理。也适用于专供药物生产的医药中间体工厂（如精细化工厂）。与化学合成类药物结构相似的兽药生产企业的水污染防治与管理也适用。

企业向设置污水处理厂的城镇排水系统排放废水时，有毒污染物总镉、烷基汞、六价铬、总砷、总铅、总镍、总汞在本标准规定的监控位置执行相应的排放限值；其他污染物的排放控制要求由企业与城镇污水处理厂根据其污水处理能力商定或执行相关标准，并报当地环境保护主管部门备案；城镇污水处理厂应保证排放污染物达到相关排放标准要求。

在该标准中对污染物排放控制提出限值要求，现有企业及新建企业均执行表 5-4 规定的水污染物排放限值。

水污染物排放浓度限值适用于单位产品实际排水量不高于单位产品基准排水量的情况。生产不同类别的化学合成类制药产品，其单位产品基准排水量见表 5-5。

表 5-3 中药类制药工业水污染物排放限值

单位：mg/L（pH 值、色度除外）

序号	项目	排放限值	污染物排放监控位置
1	pH 值	6～9	企业废水总排放口
2	色度(稀释倍数)	50	
3	悬浮物	50	
4	五日生化需氧量(BOD_5)	20	
5	化学需氧量(COD)	100	
6	动植物油	5	
7	氨氮(以 N 计)	8	
8	总氮(以 N 计)	20	
9	总磷(以 P 计)	0.5	
10	总有机碳	25	
11	总氰化物	0.5	
12	总汞	0.05	车间或生产设施废水排放口
13	总砷	0.5	
14	急性毒性($HgCl_2$ 毒性当量)	0.07	企业废水总排放口
单位产品基准排水量 $300m^3/t$ 产品			排水量计量位置与污染物排放监控位置相同

表 5-4 化学合成类制药工业水污染物排放限值

单位：mg/L（pH 值、色度除外）

序号	污染物项目	排放限值	污染物排放监控位置
1	pH 值	6～9	企业废水总排放口
2	色度(稀释倍数)	50	
3	悬浮物	50	
4	五日生化需氧量(BOD_5)	25(20)	
5	化学需氧量(COD)	120(100)	
6	氨氮(以 N 计)	25(20)	
7	总氮	35(30)	
8	总磷	1.0	
9	总有机碳	35(30)	
10	急性毒性($HgCl_2$ 毒性当量)	0.07	
11	总铜	0.5	
12	挥发酚	0.5	
13	硫化物	1.0	
14	硝基苯类	2.0	
15	苯胺类	2.0	
16	二氯甲烷	0.3	
17	总锌	0.5	
18	总氰化物	0.5	
19	总汞	0.05	车间或生产设施废水排放口
20	烷基汞	不得检出	
21	总镉	0.1	
22	六价铬	0.5	
23	总砷	0.5	
24	总铅	1.0	
25	总镍	1.0	
烷基汞检出限：10ng/L			

注：括号内排放限值适用于同时生产化学合成类原料药和混装制剂的生产企业。

表 5-5　化学合成类制药工业单位产品基准排水量　　单位：m^3/t 产品

序号	药物种类	代表性药物	单位产品基准排水量
1	神经系统类	安乃近	88
		阿司匹林	30
		咖啡因	248
		布洛芬	120
2	抗微生物感染类	氯霉素	1000
		磺胺嘧啶	280
		阿莫西林	240
		头孢拉定	1200
3	呼吸系统类	愈创木酚甘油醚	45
4	心血管系统类	辛伐他汀	240
5	激素及影响内分泌类	氢化可的松	4500
6	维生素类	维生素 E	45
		维生素 B_1	3400
7	氨基酸类	甘氨酸	401
8	其他类	盐酸赛庚啶	1894

注：排水量计量位置与污染物排放监控位置相同。

4. 生物工程类制药工业水污染物排放标准（GB 21907—2008）

该标准适用于采用现代生物技术方法（主要是基因工程技术等）制备作为治疗、诊断等用途的多肽和蛋白质类药物、疫苗等药品的企业。不适用于利用传统微生物发酵技术制备抗生素、维生素等药物的生产企业。在该标准中对 pH 值、色度、悬浮物、五日生化需氧量、化学需氧量、动植物油等指标规定了排放限值。

5. 发酵类制药工业水污染物排放标准（GB 21903—2008）

该标准适用于发酵类制药工业企业的水污染防治和管理，以及发酵类制药工业建设项目的环境影响评价、环境保护设施设计、竣工环境保护验收及其投产后的水污染防治和管理。与发酵类药物结构相似的兽药生产企业的水污染防治与管理也适用。在该标准中根据发酵类制药工业生产工艺及污染治理技术的特点，规定了发酵类制药工业企业水污染物的排放限值、监测和监控要求。

6. 提取类制药工业水污染物排放标准（GB 21905—2008）

该标准适用于不经过化学修饰或人工合成提取的生化药物、以动植物提取为主的天然药物和海洋生物提取药物生产企业的水污染防治和管理，以及提取类制药工业建设项目的环境影响评价、环境保护设施设计、竣工环境保护验收及其投产后的水污染防治和管理。与提取类制药生产企业生产药物结构相似的兽药生产企业的水污染防治和管理也适用。

根据提取类制药工业生产工艺及污染治理技术的特点，规定了提取类制药工业水污染物的排放限值、监测和监控要求。

第三节　废液处理常用工艺技术

一、萃取技术

1. 萃取原理

要想回收利用工业废液中的溶解物质，可利用该溶质（即废液中的溶解物质）能溶于某种溶剂（称萃取剂，此溶剂必须不溶或难溶于水）的性能来完成。以含酚废水为例，将溶剂（如醋酸丁酯）投入含酚废水中，充分混合后，废水中的溶质（酚）即开始转溶于溶剂中，直到溶质在两相中达到平衡为止。然后利用密度差将溶剂与废水分离，废水即得到一定程度的净化，而溶质可再从溶剂中分离出来，重新回收利用。

萃取过程的实质是在欲分离的液体混合物中加入一种与其不溶或部分互溶的液体溶剂，形成两相系统，利用混合液中各组分在两相中溶解度的不同（或分配差异），实现混合液的分离操作，其推动力是废水中溶质的实际浓度与平衡浓度之差。大量实验结果表明，在传质过程达到平衡状态时，溶质在溶剂中的浓度与在水中的浓度呈一定的比例关系，即：

$$\frac{C_{溶}}{C_{水}}=K$$

式中 $C_{溶}$——溶质在溶剂中的平衡浓度，kg/m^3；

$C_{水}$——溶质在水中的平衡浓度，kg/m^3；

K——分配系数。

由于工业废水水质的多样性，干扰因素很多，因此平衡浓度关系式往往呈曲线形式。因此，在整个萃取过程中，传质推动力是变化的。

2. 萃取工艺过程

萃取工艺过程主要包括以下三个工序：①混合。把萃取剂与废水进行充分接触，使溶质从废水中转移到萃取剂中。②分离。使萃取相与萃余相分层分离。③回收。从两相中回收萃取剂和溶质。根据萃取剂（或称有机相）与废水（或称水相）接触方式的不同，萃取可分为间歇式和连续式两种。根据两者接触次数（或接触情况）的不同，萃取流程可分为单级萃取和多级萃取两种，后者又分错流与逆流两种情况。

单级萃取是萃取剂与废水经一次充分混合接触，达到平衡后即进行分相。图 5-1 为单级液-液萃取过程示意图，这种萃取流程的操作是间歇的，主要用于实验室和生产规模较小的萃取过程。

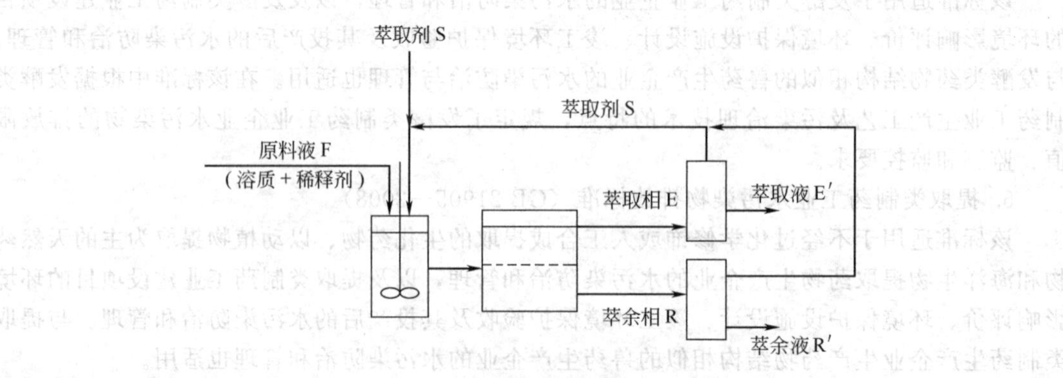

图 5-1 单级液-液萃取过程示意图

多级逆流萃取过程是将多次单级萃取操作串联起来，实现废水与萃取剂的逆流操作。在萃取过程中废水和萃取剂分别由第一级和最后一级加入，萃取相与萃余相逆向流动，逐级接触传质，最终萃取相由进水端排出，萃余相从萃取剂加入端排出。多级逆流萃取只在最后一级使用新鲜的萃取剂，其余各级都是与后一级萃取过的萃取剂接触，以充分利用萃取剂的能力。这种流程体现了逆流萃取传质推动力大、分离程度高、萃取剂用量少的特点。

为了用较少的萃取剂提取出较多的溶质，可将萃取剂分多次加入进行萃取，即采用多级错流萃取流程。原料液从第一级加入，各级中均加入新鲜萃取剂，由第一级中分出的萃余相 R_1 引入第二级，由第二级分出的萃余相 R_2 再引入第三级，由第三级中分出的萃余相 R_3 引入第四级……直至第 n 级，由第 n 级分出萃余相 R_n；当 R_n 的组成满足生产指标要求时，将 R_n 引入溶剂回收装置，经分离获得萃余液 R'，各级分出的萃取相 E_1、E_2、E_3……E_n 汇集后，送到相应的溶剂回收设备中，经分离得到萃取液 E'，萃取剂 S 则循环使用。多级错流萃取的特点在于每一级都加入新鲜萃取剂，使过程推动力增加，有利于萃取传质过程的进行，其最终萃余液中溶质浓度较低，萃取较完全；但当萃取剂消耗量较大时，得到的萃取液平均浓度较低，使其回收和输送费用增加。

3. 萃取剂的选择

在废水处理中，要使萃取获得满意的效果，必须选用恰当的溶剂（萃取剂）。因为它不仅关系到萃取剂的用量、两相分离的效果，而且还关系到萃取设备的大小等技术经济指标。选择时应从以下几个方面进行考虑。

（1）要有较大的分配系数　分配系数 K 愈大，表示被萃取组分在萃取相中的含量愈高，萃取分离愈容易进行，因此一般选择分配系数 K 值较大的溶剂作为萃取剂。而且，这样可节省溶剂的用量，减少萃取设备的体积。溶质趋向于溶解在与它本身类似的溶剂内，即所谓“相似相溶”，如油类与油类间可以任意混合，烃类与烃类间、醇类与醇类间多数能完全溶解。在不形成化合物的条件下，两种物质的分子大小及组成结构越相似，它们之间的溶解度越大。

（2）物理、化学性质应满足一定的要求　首先要求溶剂的物理、化学性质应与废水有较大的差别，例如密度差别越大，越便于两相的分离；溶剂在水中溶解度越小，溶剂损失越少；溶剂-水-溶质之间的沸点差别越大，越便于用蒸馏或蒸发的方法回收溶剂。另外，溶剂的表面张力要适当，界面张力较大时，细小的液滴比较容易聚结，使两相易于分层，但分散所需的外加能量较大；界面张力较小时，液体分散容易，但易产生乳化现象，使两相分层困难。因此，应综合考虑两液相的混合与分层，选择适当的界面张力。为了便于操作、输送及贮存，萃取剂需有良好的化学稳定性，不宜分解、聚合，并应有足够的热稳定性和抗氧化性、对设备腐蚀性要小、毒性要小、不易燃、黏度与凝固点较低、沸点不宜太高、挥发性要小等特点。

（3）要控制适当的萃取温度　温度对萃取过程也有重要影响，在多数情况下，温度增高，溶质在废水及萃取剂中的溶解度增大，而且往往是后者大于前者，这对萃取是有利的；而且温度增高，液体黏度降低，对萃取剂与水的分离有利。但是，温度增高，萃取剂在水中的溶解度往往也增大，即增大了萃取剂的损失量，这对萃取不利，因此要控制适当的温度，如在重苯萃取含酚废水时，要求废水温度控制在 50～60℃，这样可有较高的萃取效率和较好的操作条件。

（4）其他　溶剂来源要方便，便于就地取材，价格要低廉，并且要无毒无害，避免形成新的有毒废水。

当一种萃取剂不能满足萃取要求时，可以采用几种溶剂组合成混合萃取剂进行萃取，以获得良好的萃取性能；在进行废水处理时，应通过试验确定合适的萃取剂及合适的操作温度。

4. 萃取设备

萃取操作是两液相间的传质，由于两液相间的密度差和黏度差均较小，故两液相的混合与分离均比气液两相传质困难得多。下面介绍几种典型的液-液萃取设备。

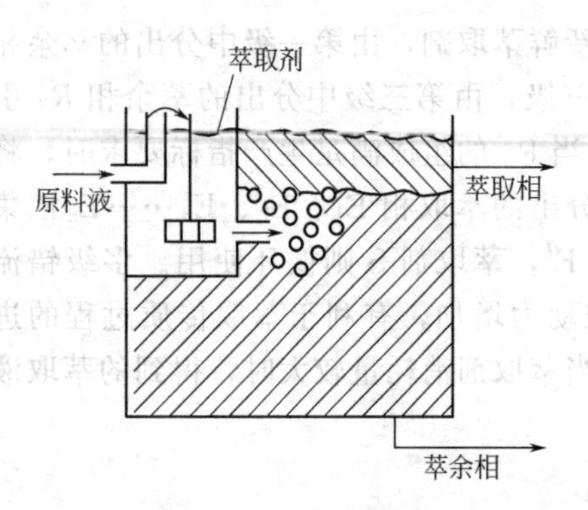

图 5-2 混合-澄清槽

(1) 混合-澄清槽 这是最早使用且目前仍广泛应用于工业生产的一种设备。由混合槽和澄清槽两部分组成，如图 5-2 所示。混合槽中通常安装搅拌装置，目的是使两相充分混合，以利于传质；澄清槽的作用是将已接近平衡的两相分离。混合后的溶液送入澄清槽中进行分离，对易于澄清的混合液，可以利用两相密度差进行重力沉降分离，由于两相间的密度差不会很大，分离时间往往较长。当两相密度差较小时，可采用离心式澄清器，以加速分离。

(2) 往复叶片式脉冲筛板塔 图 5-3 为往复叶片式脉冲筛板塔。重液由塔上部进入，轻液由下部进入，轻重液均穿过筛板面做逆流流动。塔的中部为萃取段，此段内装有一根纵向轴，在轴上装有若干块钻了圆孔的筛板，轴由塔顶电动机的偏心轮装置带动上下运动，筛板也随之上下运动，造成两液相之间的湍流条件，从而加强了溶剂与废水的充分混合，强化了传质过程。在塔的顶部和底部有较大的空间，以利于两相的分离。往复叶片式脉冲筛板塔的设备结构简单，传质效率高，应用广泛。

(3) 离心萃取机 图 5-4 为离心萃取机构造示意图。转鼓内有许多层同心筒，每层都有许多孔口。轻液由外层的同心筒进入，重液由内层的同心筒进入，靠转鼓高速旋转时产生的离心力，使重液由里向外流动而轻液则由外向里流动，进行连续的逆流混合与分离，在转子外圈及中心部分的澄清区分别形成纯净的重液和轻液。离心萃取机效率高、体积小，适用于两相密度差很小的体系。

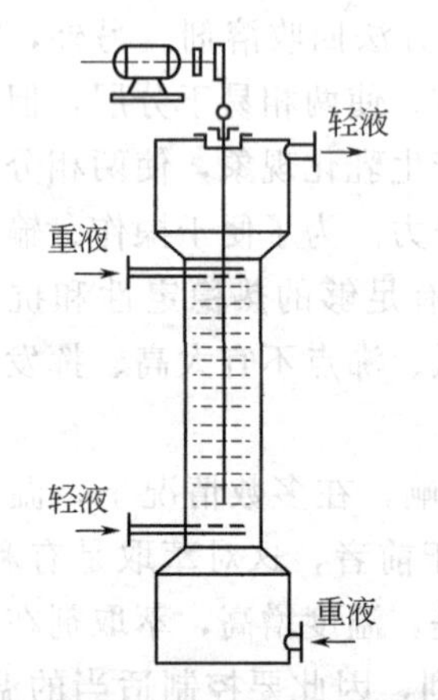

图 5-3 往复叶片式脉冲筛板塔

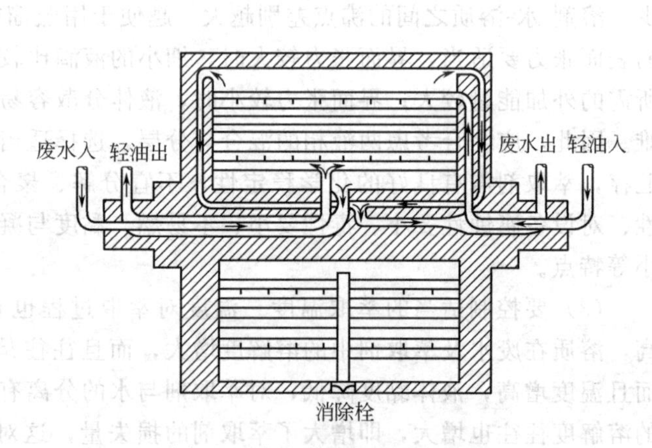

图 5-4 离心萃取机构造示意图

5. 萃取剂的再生

萃取后的溶剂需要经过再生（将溶质从溶剂中分出）后才能继续使用。常用的再生方法有蒸馏（或蒸发）再生法和加药化学再生法。

(1) 蒸馏（或蒸发）再生法 即利用溶质与溶剂的沸点差来分离。如用醋酸丁酯萃取废水中的酚，酚的沸点为 181～230℃，而醋酸丁酯的沸点为 116℃，二者的沸点差较大，控制适当的温度，采用蒸馏法即可将二者分离。这种方法的优点是可直接回收溶质，分离所得的溶剂纯度较高。以醋酸丁酯为萃取剂回收酚的流程如图 5-5 所示。

(2) 加药化学再生法 投加某种化学药剂使它与萃取物形成不溶于萃取剂的盐类，从而达到二者分离的目的。如用重苯或脱酚的中油萃取酚后，投加 12%～15%或 20%浓度的苛

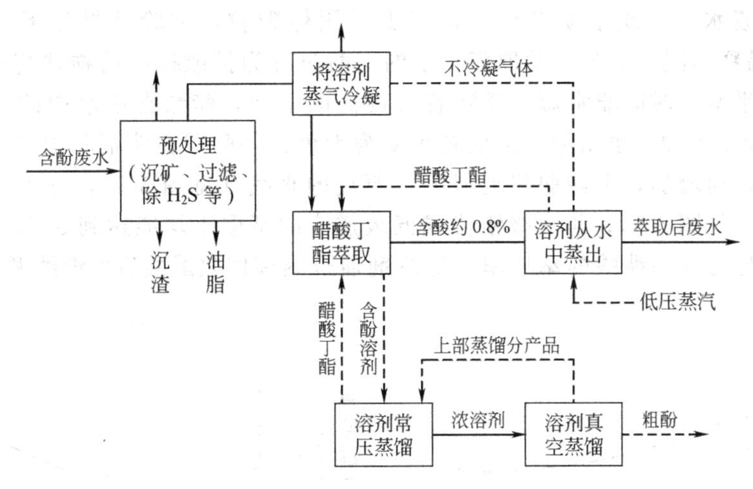

图 5-5 萃取法回收酚流程(萃取剂为醋酸丁酯)

性钠，生成酚钠盐结晶析出，酚钠盐加酸中和后可制生成酚。如某厂利用苛性钠和烟道废气中的二氧化碳处理萃取液，得到酚和碳酸钠，碳酸钠再用石灰苛化得到氢氧化钠，回用于生产，比用硫酸中和优点多。反应方程式如下：

$$C_6H_5OH + NaOH \longrightarrow C_6H_5ONa + H_2O$$

$$2C_6H_5ONa + CO_2 + H_2O \longrightarrow 2C_6H_5OH + Na_2CO_3$$

该厂根据试验比较，采用间歇式三段碱洗塔再生重苯，其流程如图 5-6 所示。各段碱洗塔内装设固定筛板 12 块，脉冲，塔内灌注 20%浓度的苛性钠溶液，约半塔高，碱液不流动，而萃取后重苯则连续地从塔底进入，在向上流动的过程中与碱液作用，然后由塔顶分离流出，再循环进入第二段和第三段碱洗塔。经过三段碱洗，再生效率(即重苯中酚的去除率)可达 50%～60%，重苯含酚量可降到 1000～2000mg/L，再生后重苯可回用于萃取。当第一段碱洗塔中的碱液有 80%～90%被转化成酚钠时，即将酚钠盐抽出，然后再灌注新的苛性钠溶液，并把该塔作为最后一段碱洗塔使用，酚钠盐送去加工精制成酚。

上述再生法的优点是操作方便，重苯脱酚可保持较高的效率，缺点是设备较多、较大。

6. 萃取法从废水中回收资源实例

(1) 由糠醛废水中回收醋酸　糠醛是一种重要的化工原料，它是由玉米芯、甘蔗渣等植物秸秆经水解制得。水解过程的主要产物是糠醛，在水解液中占 5%～8%，此外还生成醋酸、甲醇、丙酮等副产物，其中醋酸在水解液中占 2.5%左右。目前各生产厂家对上述副产物都未予以回收，均与废水一起排放，致使废水中 COD 值高达 35000mg/L 以上，不但对环境造成污染，同时又是对资源的一种浪费。若对废水中的醋酸予以回收，按生产 1t 糠醛计，可回收 0.35t 左右的醋酸，并且可将废水中的 COD 值降至 5000mg/L 以下，这为废水的进一步处理创造了有利条件，可谓一举双得。

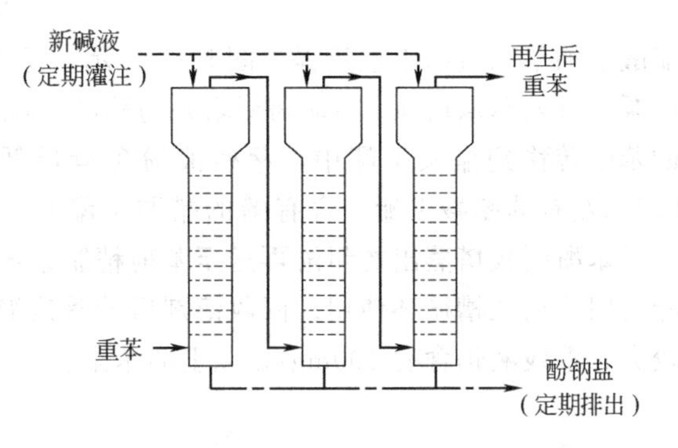

图 5-6 间歇式三段碱洗塔再生重苯流程图

为解决糠醛废水中稀醋酸的回收问题，清华大学与新乡化肥总厂糠醛分厂进行技术合作，开展了对溶剂萃取法回收糠醛废水中稀醋酸的实验研究。糠醛废水取自糠醛厂糠醛生产装置排放的废水，水质呈淡黄色，含有少量固体颗粒，试验结果如下：①混合溶剂（由萃取剂和稀释剂混合而成）萃取废水中的醋酸过程为扩散控制的物理溶解过程，因此萃取过程达到平衡的时间非常短；②随着溶剂比的增加，醋酸在废水中的含量逐渐降低（见图 5-7），废水的颜色也由原来的浅黄色变为无色；③醋酸在溶剂相中的浓度随着水相醋酸浓度的增加而增加，平衡曲线近似为过原点的直线（见图 5-8），分配系数曲线与横坐标近似平行（见图 5-9）；④三级错流或五级逆流的萃取率均能达到 85%，增加萃取级数或加大溶剂比可提高醋酸的萃取率；⑤溶剂通过蒸馏回收醋酸后可继续循环使用，且萃取性能基本不变。

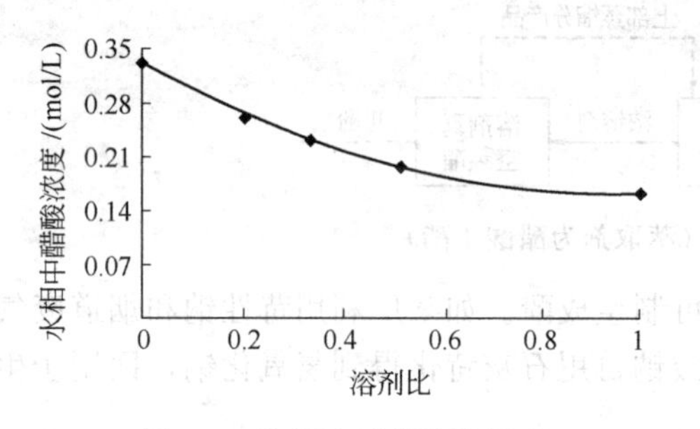

图 5-7 溶剂比对萃取的影响

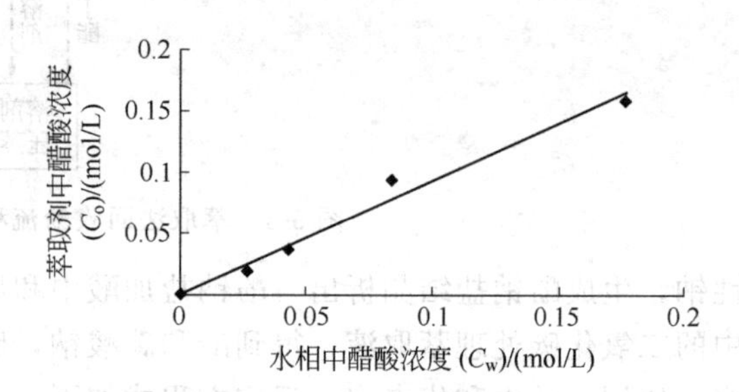

图 5-8 醋酸在两相中的分配平衡曲线

该混合溶剂对低浓度乙酸有较强的萃取能力，在经过 10 级混合澄清槽后，乙酸萃取率达 85% 以上，其在水中的溶解量不超过 0.05%，因而损耗小。实验发现溶剂的热稳定性很好，再生过程反复加热不变质，含有乙酸的溶剂在减压情况下容易被分离。糠醛废水回收醋酸的工艺流程如图 5-10 所示。

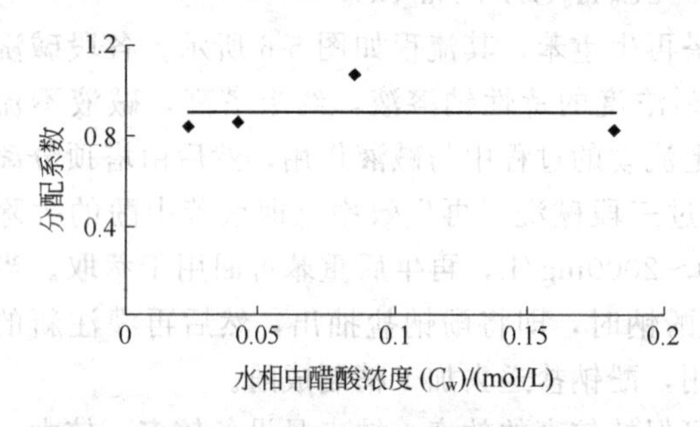

图 5-9 醋酸的分配系数曲线

（2）醋酸丁酯萃取脱酚工艺　醋酸丁酯是工业上常用的一种处理含酚废水的低沸点萃取溶剂。采用醋酸丁酯萃取处理异丙苯法生产苯酚、丙酮过程中产生的含酚废水，其醋酸丁酯萃取脱酚工艺流程如图 5-11 所示。除去悬浮杂质后的含酚废水（含酚 2%～5%），用泵 1 打入萃取塔 4（振动筛板塔）与醋酸丁酯逆流接触萃取，油水比为 1：(2～4)，水中的苯酚转移到醋酸丁酯中，萃残液酚含量最低可以达到每升几十毫克，萃残液中也含有 0.7%左右的醋酸丁酯。含有酚的醋酸丁酯和萃残液分别送往苯酚回收塔 5 和溶剂回收塔 11，苯酚回收塔蒸出的粗酚再送至苯酚精制系统。从苯酚回收塔和溶剂回收塔回收的醋酸丁酯返回溶剂贮槽循环使用。回收溶剂后的萃残液送往生化处理系统。这一过程溶剂损失相对较大，萃残液仍含有 100mg/L 以上的苯酚。

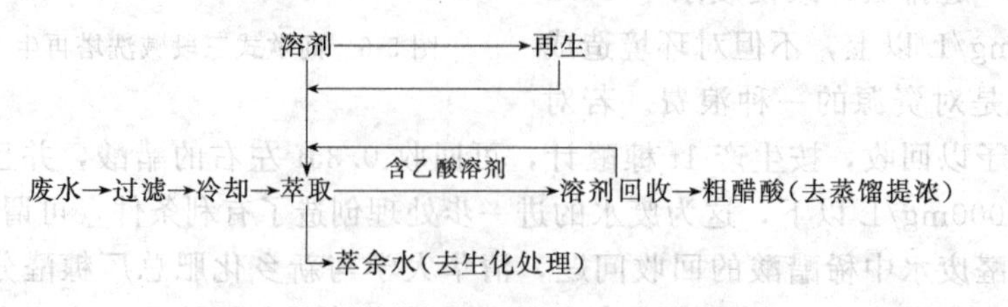

图 5-10 糠醛废水回收醋酸工艺流程图

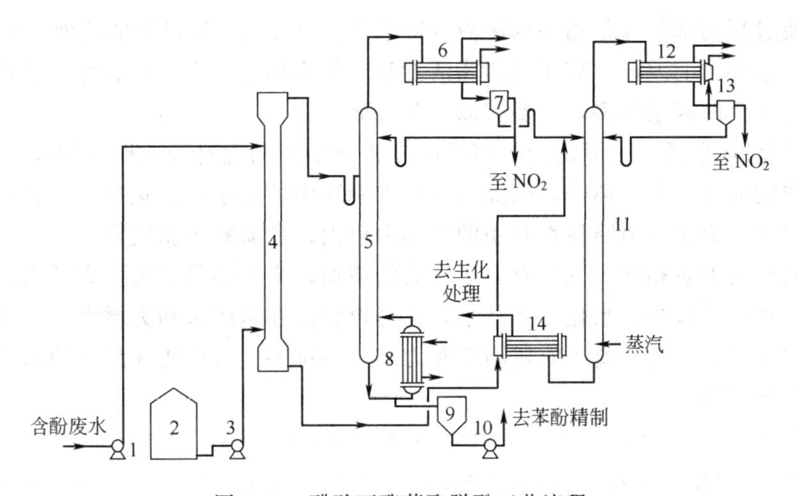

图 5-11　醋酸丁酯萃取脱酚工艺流程

1，3，10—泵；2—醋酸丁酯贮槽；4—萃取塔；5—苯酚回收塔；6，12—冷凝冷却器；7—油水分离器；8—加热器；9—接收槽；11—溶剂回收塔；13—油水分离器；14—换热器

二、离子交换技术

离子交换技术是根据某些溶质能解离为阳离子或阴离子的特性，利用离子交换剂与不同离子结合力强弱的差异，将溶质暂时交换到离子交换剂上，然后用合适的洗脱剂将溶质离子洗脱下来。

1. 离子交换法处理工业废水的特点

由于废水水质复杂，而且废水处理不仅要去除某些离子，还要考虑回收利用问题，因此，与给水处理相比，应用离子交换法处理工业废水必须注意以下几点。

(1) 废水水质的复杂性

① 各种杂质的影响。废水中杂质成分复杂，悬浮物容易堵塞树脂孔隙，油类会裹住树脂颗粒，造成树脂交换能力降低，另外，废水中的氧化剂会引起树脂的分解和破坏，因此在引入交换柱前应考虑进行固液分离等预处理过程。

② 废水 pH 的影响。pH 的大小会影响某些离子在废水中的形态（如形成络合离子或胶体），而工业废水常呈酸性或碱性，如当废水的 pH 偏高时，六价铬主要以铬酸根（CrO_4^{2-}）形态存在，而在酸性条件下则以重铬酸根（$Cr_2O_7^{2-}$）形态存在。当用阴树脂去除六价铬时，在酸性废水中比在碱性废水中的去除效率高，这是因为同样交换一个二价络合阴离子，$Cr_2O_7^{2-}$ 比 CrO_4^{2-} 多一个络合离子。由于强酸强碱性树脂活性基团的电解不受 pH 的限制，可以应用在各 pH 的废水处理中；而弱酸、弱碱性树脂则不同，其活性基团的解离与 pH 有很大的关系，如羧酸型（—COOH）阳树脂，在 pH 大于 4 时才能显示出交换能力，pH 等于 5 时，交换容量为 0.5mmol/g 树脂，pH 等于 8～9 时，交换容量可达 9mmol/g 树脂，即在碱性条件下，交换能力强，同样，弱碱性树脂则只能在酸性条件下才能发挥作用。

③ 废水水温的影响。有些废水水温可能较高，水温的升高可能会引起树脂的分解（如 $RSO_2H+H_2O \rightarrow RH+H_2SO_4$，$t>100℃$）而破坏树脂的交换能力。一般阳树脂最高使用温度小于 100℃，阴树脂最高使用温度小于 60℃。因此高温废水在进入交换柱前，必须采取降温措施。

(2) 影响离子交换选择性的因素　废水处理和回收中经常要考虑的是从含各种杂质的废水中除去有害的物质，这就需要考虑有害离子与树脂母体间的关系。

离子交换过程的选择性是指在稀溶液（即浓度在0.1mol/L以下的溶液）中某种树脂对不同离子交换亲和力的差异。离子与树脂活性基团的亲和力愈大，则愈容易被树脂吸附。影响离子交换选择性的因素很多，主要有以下几方面。

① 离子的水化半径。一般认为，离子的体积愈小，则愈易被吸附。但离子在水溶液中会发生水合作用而形成水化离子，因此离子在水溶液中的大小用水化半径来表示。通常离子的水化半径愈小，离子与树脂活性基团的亲和力愈大，愈易被树脂吸附。

如果阳离子的价态相同，则随着原子序数的增加，离子半径增大，离子表面电荷密度相对减小，吸附水分子减少，水化半径减小，其与树脂活性基团亲和力增大，易被吸附。下面按水化半径的次序，将各种离子对树脂亲和力的大小排序，次序排在后面的离子可以取代前面的离子优先被交换。

一价阳离子：$Li^+ < Na^+$、$K^+ \approx NH_4^+ < Rb^+ < Cs^+ < Ag^+ < Ti^+$

二价阳离子：$Mg^{2+} \approx Zn^{2+} < Cu^{2+} \approx Ni^{2+} < Co^{2+} < Ca^{2+} < Sr^{2+} < Pb^{2+} < Ba^{2+}$

一价阴离子：$CH_3COO^- < F^- < HCO_3^- < Cl^- < HSO_3^- < Br^- < NO_3^- < I^- < ClO_4^-$

H^+、OH^-对树脂的亲和力取决于树脂的酸碱性强弱。对于强酸性树脂，H^+和树脂的结合力很弱，$H^+ \approx Li^+$；反之对于弱酸性树脂，H^+具有很强的吸附能力。同理，对于强碱性树脂，$OH^- < F^-$；对于弱碱性树脂，$OH^- > ClO_4^-$。例如，在链霉素提炼中，常选用弱酸性树脂，而不选用强酸性树脂，这是因为强酸性树脂吸附链霉素后，不容易用H^+洗脱，而用弱酸性树脂时，由于H^+对树脂的亲和力很大，可以很容易地从树脂上取代链霉素。

② 离子的化合价。在常温稀溶液中，离子的化合价越高，电荷效应越强，就越易被树脂吸附。例如$Tb^{4+} > Al^{3+} > Ca^{2+} > Ag^+$。

③ 溶液的pH。溶液pH的大小决定树脂交换基团及交换离子的解离程度，从而影响交换容量和交换选择性。对于强酸、强碱型树脂，任何pH下都可进行交换反应，溶液的pH主要影响交换离子的解离程度、离子电性和电荷数。对于弱酸、弱碱型树脂，溶液的pH对树脂的解离度和吸附能力影响较大；对于弱酸性树脂，只有在碱性条件下才能起交换作用；对于弱碱性树脂，只能在酸性条件下才能起交换作用。

（3）树脂及操作条件的选择依据　应用离子交换法处理废水时，树脂及其操作条件的选择依据如下。

① 尽量用弱酸性和弱碱性树脂。在适当的pH下使用弱酸性阳树脂可以使树脂只和弱酸盐类（或碱）的金属离子交换而不和强酸性盐类的金属离子交换；使用弱碱性阴树脂可以使树脂吸附强酸根而保留废水中的HCO_3^-、$HSiO_3^-$等弱酸根。这样的好处是不仅减轻了树脂的负担，再生容易，再生废液量少，而且弱酸、弱碱性树脂的总交换容量要比强酸、强碱性树脂高（可高达2倍），因而降低了处理费用。

② 采用单独的阴床（或阳床）。给水中很少遇到单用阴树脂床的例子，而废水处理上，则可单用一个阴床（或阳床）。如净化含铬废水时，如果三价铬含量较少，废水又不准备循环使用，此时可以只用一个强碱性阴树脂床去除六价铬。

③ 选用适当的树脂交换形式。不同形式的离子交换树脂可以有选择地交换废水中的有害离子，如用Na型阳树脂处理硫酸含量多、而硫酸锌含量少的废水，则可有选择地交换除去有害的Zn^{2+}，而使硫酸钠漏过，从而大大延长树脂的工作周期，并可回收较纯的锌。而用H型树脂就不能达到这个效果。

④ 采用特殊类型的树脂。如在苯乙烯-二乙烯苯中引进一个共振氨基后形成的新树脂，

与重金属金、铂等离子有较强的结合力，而其他金属如铜、铁、锌、钙、钠等离子则可以漏过。

⑤ 由于废水中经常要除去的重金属元素或分子量较大的物质（如汞、铅、铂、砷、酚等）比废水中的一般离子（Na^{+}、K^{+}、Mg^{2+}、Ca^{2+}等）具有较强的结合力，可以优先被交换，因此在树脂的操作条件上有一些特点，如可以采用较大的过水流速而不影响其交换能力；在树脂工作末期，一般重金属元素（如Cr^{3+}）的穿漏要比通常离子（Ca^{2+}、Na^{+}）的穿漏滞后相当一段时间。

(4) 废水处理中树脂的再生问题　离子交换法处理废水时，由于树脂上浓集了大量的有害物质，当树脂再生时，这些物质又转移到了再生剂中，而生成的再生液处理较困难，其处理费用及再生剂还会需要较高的成本，且在树脂再生时，还应考虑有用物质的回收，因此，各企业必须重视树脂的再生问题。废水处理中对树脂再生的要求如下。

① 选择合适的再生剂。在选择再生剂时首先考虑要有利于再生洗脱液的回收利用，如用阳树脂回收纺丝废水中的锌，以芒硝（$Na_2SO_4 \cdot 10H_2O$）作再生剂，则再生液的成分主要是浓缩的硫酸锌，它可直接回用于纺丝的酸浴工段。其次，为了节省再生费用，应尽量利用废料作再生剂，如用烟道气作为弱酸性阳树脂的再生剂，其反应如下：

$$RCOONa + CO_2 + H_2O \rightleftharpoons RCOOH + NaHCO_3$$

式中，R代表树脂母体。

② 尽量减少再生剂用量。这样即可降低再生费用，又便于回收处理再生废液。为此，应尽量使用浓度较高的再生剂，并考虑再生液重复利用和循环使用（如再生强酸性树脂的再生液再作为易于再生的弱酸或弱碱性树脂的再生剂用），以充分利用再生剂。在工艺上，应采用顺流交换，逆流再生；再生剂先接触下部未充分饱和的树脂，然后继续往上再接触上层饱和的树脂，在同样的再生程度下，这种方式可减少再生剂用量（例如用33%的HCl再生强酸性阳树脂，逆流再生比顺流再生可节省50%的HCl用量），还能提高顺流交换时的出水水质。采用这种方式再生时，切忌搅乱树脂层，一般再生流速要求小于1.5m/h，但再生时间较长，为了提高再生流速，再生时上方可通入30～50kPa的压缩空气，压住树脂层使之保持不乱。

③ 控制适宜的再生率。如用2%浓度的苛性钠对交换六价铬的强碱性树脂进行再生，以控制95%的再生率为合适，若再提高再生率，将大大增加再生液的用量和延长再生操作时间，试验证明，95%的再生率对下一次除铬没有影响。不追求过高的再生率，不仅可以节省再生剂，缩短再生时间，而且提高了再生洗脱液中六价铬的浓度，有利于铬的回收。

④ 合理处置再生洗脱液。浓集了大量废弃物质（或有用物质）的再生洗脱液，有的可直接被利用（如前面提到的硫酸锌废液），有的需要做进一步的浓缩或分离处理（如蒸发浓缩、结晶分离等）才能回收利用。

2. 离子交换法在处理工业废水中的应用

离子交换法广泛地应用于回收废水中的重金属元素，如去除废水中的铜、锌、汞、金等金属和有机物质等。以下为磺化煤树脂处理水杨酸生产中的废水过程。

磺化煤是一种煤质强酸性阳离子交换剂，表面极性强，磺化煤对酚不但具有物理吸附作用，而且具有极性吸附作用。因此，磺化煤不仅能吸附酚，而且还能去除水中其他阳离子，价格便宜、易得。

山东某制药厂以苯酚为原料生产水杨酸的过程中，水杨酸后处理产生的离心分离液，其pH为1～2、含酚浓度为0.2%左右、水杨酸含量为0.3%～0.5%、硫酸钠含量为20%左右，采用磺化煤处理，用一级单塔或一级双塔并联上流固定床操作系统，含酚废水自塔底连续流入，从塔顶排出，出水含酚0.01%～0.05%、硫酸钠含量为20%，pH为1～2，用苛性碱中和后送至回转炉内回收无水硫酸钠，部分酚被分解。

磺化煤吸附酚的效率受废水含酚浓度、pH、填充层高度、滤速及其他因素的影响。在酸性条件下吸附酚的效率较高，pH≥7时效率显著下降；磺化煤吸附酚的效率随滤层厚度增加而提高，随滤速增高而下降；废水中的共存离子有着不同的影响，阴离子比阳离子的影响大；磺化煤的吸附容量为4.4%～6.2%。

磺化煤的再生操作过程包括反冲洗、碱洗再生、正洗、酸洗转型。磺化煤吸附的酚，用浓度4%～7%的氢氧化钠溶液洗脱，从而使磺化煤再生，碱液用量为磺化煤体积的1.5～2倍；再生后磺化煤为Na^+型，再用浓度为3%～5%的盐酸或硫酸（用量为磺化煤体积的1.5～2倍）滤洗磺化煤树脂层，使磺化煤由Na^+型转型为H^+型而恢复吸附能力。

再生废液中酚与水杨酸的浓度很高，可直接在水杨酸生产中回用，既节约了苯酚，又提高了水杨酸的产率。

三、蒸发技术

1. 蒸发过程

蒸发是靠输入热量，使溶液沸腾，把溶剂从混合液中蒸出，使溶液浓度增大的过程。对工业废水而言，蒸发过程既是一种浓缩、分离净化的处理过程，又是一种换热过程。

使溶液蒸发气化的形式有两种：一是在低于沸点条件下的表面蒸发；二是在沸点条件下的沸腾蒸发。在工业废水处理中，一般都采用生产率高的沸腾蒸发。

蒸发所用的加热剂通常是饱和水蒸气。在蒸发水溶液时，被蒸出的也是水蒸气，可以将这部分蒸汽作为加热剂，以提高热能的利用率，把这种再次加以利用的蒸汽称为二次蒸汽。

由于废液被加热沸腾，使废液中挥发性的溶剂与非挥发性的溶脂（溶解的固体如盐、碱和一些酸类物质）得到了分离，同时气化生成的溶剂蒸气得到净化，而废液中非挥发性物质的浓度增加，使废液得到了浓缩。

2. 蒸发操作条件

被浓缩的溶液和被蒸出溶剂蒸汽的物理和化学性质对采用的蒸发器类型、操作压力和温度都有很大的影响。现对其中影响操作过程的一些性质讨论如下。

（1）溶液的浓度　通常所蒸发的料液比较稀，所以黏度比较低，接近于水，因此传热系数比较高。随着蒸发的进行，溶液变浓，黏度增大，因而引起传热系数显著下降，为了避免传热系数下降太快，就必须使溶液适当循环，并保持湍流流动。

（2）溶解度　由于溶液中的溶剂被加热蒸发，使溶质的浓度增加，当浓度超过溶质的溶解度后，就会产生结晶，这就限定了蒸发法浓缩溶液的最大浓度。多数情况下盐的溶解度随温度升高而增加，因此由蒸发器出来的热浓缩液被冷却至室温时就可能出现结晶。

（3）物料的热敏性　很多产品特别是一些生物药品和食品都属于热敏性物料，在高温下或长时间加热时可能变质。例如药物制品和牛奶、橘汁、蔬菜汁等食品以及精细有机化学品都属于这类产品，其变质程度是温度和时间的函数，为了使热敏性物料能保持低温，常需在低于一个大气压下操作，也就是在一定的真空度下进行蒸发操作。

（4）泡沫的形成　有些情况下物料是碱性溶液、脱脂乳这样的食品溶液以及脂肪酸溶液等，它们在沸腾时能够形成泡沫。另外，气-液混合物从加热管口喷出时，速度较快，而蒸发室的空间有限，二次蒸汽在蒸发室内没有足够的停留时间，也会使泡沫随同蒸汽一起流出蒸发器，因而出现夹带损失，并污染二次蒸汽及其冷凝液，还会使管道结垢堵塞。

(5) 压力和温度　溶液的沸点与系统的压力有关。蒸发器的操作压力越高，沸点也就越高；此外，在溶液蒸发时溶质的浓度增加，沸点也相应升高，我们称这种现象为沸点升高。

(6) 结垢和设备材料　有些溶液在加热表面上沉积固体物质，称作结垢。这可能是由于产品的分解或溶解度下降造成的，结垢可使总传热系数降低，以致必须清洗蒸发器。另外，为了尽量减轻溶液对设备的腐蚀，蒸发设备材料的选择也很重要。

3. 蒸发工艺

蒸发过程由加热使溶液沸腾气化过程和不断除去气化的溶剂蒸气过程组成。典型的蒸发器是一个适合于进行蒸发操作的列管式换热器，它由加热室和分离室两部分组成，加热室中通常用饱和水蒸气加热，从溶液中蒸发出来的二次蒸汽在分离室中与溶液分离后从蒸发器引出，为了防止液滴随蒸汽带出，一般在蒸发器的顶部设有气液分离用的除沫装置。二次蒸汽进入冷凝器直接被冷却水冷凝，并从下部排出，二次蒸汽中含有的不凝性气体从冷凝器顶部排出，不凝性气体的来源主要为料液中溶解的空气和当系统减压操作时从周围环境中漏入的空气，以及某些成分受热分解产生的气体。料液在蒸发器中蒸浓到要求的浓度后，称为完成液，从蒸发器底部放出。

4. 蒸发法处理废水的特点

(1) 处理效率高　由于废水中非挥发性的溶解性离子以及固体颗粒和胶体仅少量随蒸气上升而带走，绝大多数留在浓液中，因此对于一般非挥发性有害物质能有95%以上的处理效率。

(2) 适应性强　一般常用的凝聚沉淀过滤法能去除 $100\mu m \sim 2nm$ 间的颗粒；活性炭吸附法只能去除 $2 \sim 0.3nm$ 间的粒子；离子交换法也只能去除 $1 \sim 0.05nm$ 间的粒子；而蒸发法对各种粒子的去除有宽广的范围，它能去除 $100\mu m \sim 0.05nm$ 间的颗粒，因此其适应性较强。

由于蒸发法具有上述两个优点，因此它不仅在化工生产上是常用的方法，在工业废水的利用和处理上，如浓缩回收造纸液中的碱、金属酸洗废液中的酸等也是较为有效的方法，另外在对某些废水的无害化处理（如放射性裂变产物废水的处理）中，蒸发法也可作为主要的操作单元。

第四节　废液综合利用实例

一、头孢活性酯生产废液中回收三苯基氧膦和2-巯基苯并噻唑

头孢活性酯如头孢他啶活性酯、头孢克肟活性酯、头孢地尼活性酯以及头孢唑兰活性酯等，是合成头孢类药物的重要中间体。目前我国已将几种头孢类药物列为基本普药，头孢菌素的需求量逐年增大，相应的关键中间体如头孢活性酯的需求量也在同步增长。

生产头孢活性酯的传统工艺是在三苯基膦（PPh_3）的作用下，头孢侧链酸与二苯并噻唑二硫醚（DM）反应制得，收率一般在80%以上。反应式为：

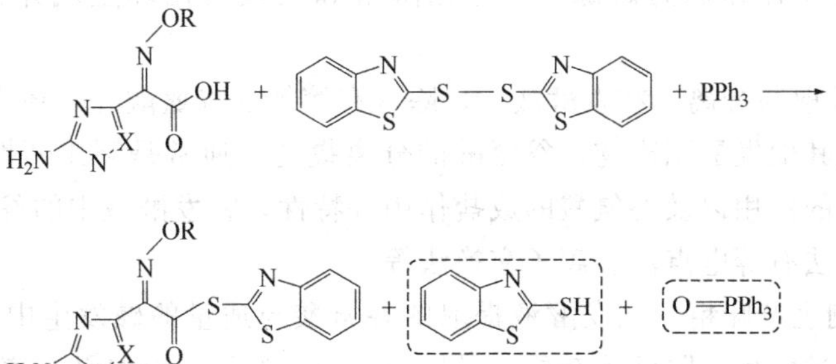

其中：X为C或N原子，R为不同头孢侧链酸上的取代基。

生产过程中将产生大量的废液，主要成分是副产物三苯基氧膦（TPPO）和促进剂2-巯基苯并噻唑（M）。由于这两种化合物分别含有芳环及硫、磷元素，很难采用生化处理的方法，而采用焚烧法处理易产生硫、磷氧化物，导致二次污染，生产成本偏高。因此，如何将TPPO和M回收并加以利用，一直是人们关注的热点问题。

吴登泽提出了一种高效回收M和TPPO的绿色工艺，其中用甲苯对TPPO进行重结晶回收。由于甲苯易回收、精制和循环套用，因此整个操作过程简单易行，基本无三废产生，有工业化应用前景。其工艺流程如图5-12所示。

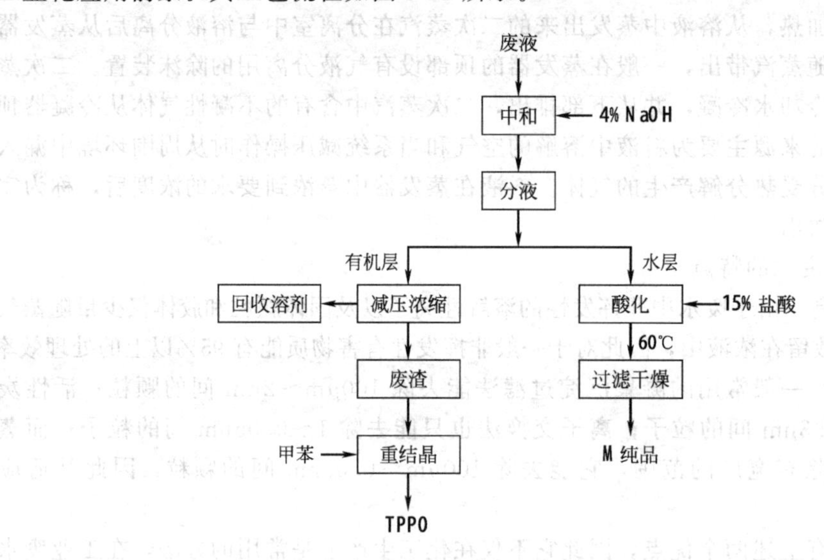

图5-12 促进剂M和TPPO的提取回收工艺流程

二、氨基酸工业废水的综合利用

1. 氨基酸工业废水的污染现状

氨基酸工业主要包括味精工业、柠檬酸工业和赖氨酸工业。

（1）味精工业污染现状 味精生产主要由淀粉水解糖的制取、谷氨酸发酵、谷氨酸的提取与分离、谷氨酸精制等工艺组成。

① 淀粉水解糖的制取。淀粉在高温加酶的作用下，其颗粒结构被破坏，α-1，4糖苷键及α-1，6糖苷键被切断，相对分子质量逐渐变小，先分解为糊精，再分解成麦芽糖，最后成为葡萄糖。淀粉水解主要采用双酶法。

② 谷氨酸发酵。谷氨酸生产菌经活化、一级种子、二级种子、扩大培养，接入发酵罐，在32～38℃。pH为7.0左右的条件下，好氧发酵30h左右，制得谷氨酸发酵液。谷氨酸发酵是谷氨酸生产菌以葡萄糖为碳源，经过糖酵解和三羧酸循环生成并在体内大量积累谷氨酸。

③ 谷氨酸的提取与分离。在发酵液中，除含有溶解的谷氨酸外，还存在着菌体、残糖、色素、胶体物质及其他发酵副产物。谷氨酸的分离提纯，通常是利用两性化合物、溶解度、分子大小、吸附剂的作用以及谷氨酸的成盐作用等特性，将发酵液中的谷氨酸提取出来。提取谷氨酸的常用方法有等电点法、离子交换法等。

④ 谷氨酸精制生产味精。从发酵液提取的谷氨酸与适量的碱发生中和反应，生成谷氨酸钠盐，其溶液经过脱色、除铁等杂质，最后通过减压浓缩、结晶及分离，得到较纯的谷氨

酸钠晶体，即味精。

味精生产废水的主要特点是有机物、悬浮物和菌丝体含量高，酸度大，高氨氮和硫酸盐含量，对厌氧和好氧生物具有直接和间接生物毒性。每年排放的废液中约有9万吨蛋白质和59万吨硫酸铵被排放，造成资源、能源的极大浪费。味精工业废水造成的环境污染问题日益突出，在众所周知的淮河流域水污染问题中，它是仅次于造纸废水的第二大污染源。目前的主要问题是味精废水处理设施投资和运行费用较高，企业无法承受。采用厌氧处理方法运行费用较低，但是厌氧处理目前无法解决废水中的高硫酸盐问题。

(2) 柠檬酸工业污染现状　柠檬酸工业是以粮薯为主要原料的发酵工业，每生产1t柠檬酸，约产生2.4t废渣石膏，其主要成分为二水硫酸钙，含量可达98%（质量分数）左右。由于在柠檬酸废渣石膏中，残留少量的柠檬酸和菌体，因此除少量用于水泥、铺路外，绝大部分废渣被堆积在厂内外，严重污染环境，成为柠檬酸行业一大难题。

(3) 赖氨酸工业污染现状　目前，世界氨基酸的生产方法主要为发酵法，L-赖氨酸生产工艺一般采用直接发酵法。其废水主要为离子交换尾液（即流出液）形成的高浓度有机废水，各种设备（发酵罐、离子交换柱等）洗涤水形成的中浓度有机废水，各种冷却水形成的低浓度废水。

2. 氨基酸工业废水利用技术

(1) 味精工业废水综合治理利用技术

① 发酵废母液提取菌体蛋白工艺技术。根据菌体的特点，一般常用的方法有高速离心分离法、超滤法、絮凝（加热）沉降法等。目前，在工业化生产中，多采用高速离心分离法和絮凝（加热）沉降法。高速离心分离法就是采用高速离心分离设备，利用菌体与溶液的密度差加以分离；离心分离机的分离因数高，处理能力大，能连续分离，完全适用于谷氨酸发酵液分离菌体的工业生产要求。

絮凝沉降是通过加入絮凝剂使菌体成絮状聚团，密度增大而沉降下来。关键是找到合适的絮凝沉降剂及相应的絮凝工艺条件。由于沉降的菌体用于饲料，因此，絮凝沉降法选择的絮凝沉降剂要求无毒、无害、无异味。近几年出现的新型絮凝沉降剂脱乙酰甲壳素符合这一要求，但是该絮凝沉降剂价格昂贵，致使处理成本高，且操作比较麻烦。

由于谷氨酸废母液的菌体主要由蛋白质组成，因此只要加热到80℃，菌体和可溶性蛋白均可析出，形成较大絮花而沉淀，效果优于其他工艺。其工艺过程如图5-13所示。

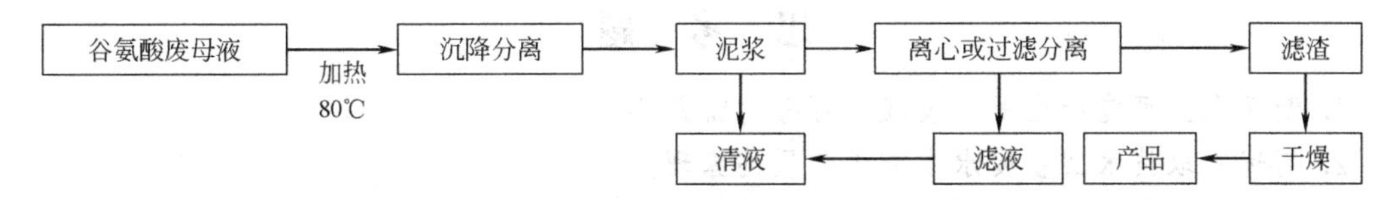

图5-13　谷氨酸废母液加热絮凝菌体蛋白工艺

膜分离法除菌体是利用菌体的大小比蛋白质和胶体分子大得多的特性，采用膜孔为800～1000nm的高分子膜材料，利用流体的压力使溶液和尺寸远小于800nm的溶质分子透过膜，菌体则被完全截留，并被高速液流冲走，实现“自净式”循环过滤，直至菌体在液流中的浓度满足干燥要求时停止。

② 浓缩废母液生产有机复合肥料。将味精离子交换尾液（pH为1.5～2）泵入储存池，经一定时间自然发酵，加液氨，调pH达5～6（避免设备腐蚀和提高肥效），进入四效真空浓缩系统，浓缩后pH为4.5即可作为液态肥料，也可进一步干燥成颗粒肥。由于蒸发浓缩过程需加热，会出现氨挥发，使pH降低，因此，真空浓缩系统需用不锈钢材质，以延长设

备寿命。其工艺流程如图 5-14 所示。

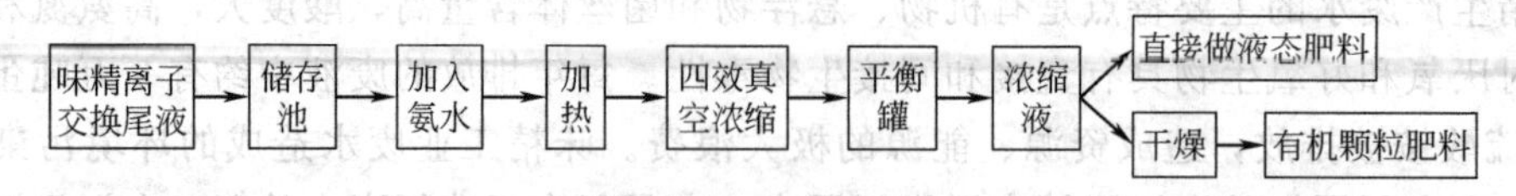

图 5-14　味精离子交换尾液浓缩有机肥料

(2) 柠檬酸工业废水综合治理利用技术　柠檬酸工艺的主要污染物为废渣石膏、发酵菌丝渣和淀粉渣、中和废水。废渣石膏含水率为 40%～50%，pH 为 5.2～6.1，颜色呈灰白色，它是由淀粉经发酵产生的发酵液，经 $CaCO_3$ 中和，再加入硫酸酸解，提取柠檬酸后得到的废渣。化学反应式为：

$$2C_6H_8O_7 \cdot H_2O + 3CaCO_3 \longrightarrow Ca_3(C_6H_5O_7)_2 + 4H_2O + 3CO_2\uparrow + H_2O$$

$$Ca_3(C_6H_5O_7)_2 + 3H_2SO_4 \longrightarrow 2C_6H_8O_7 + 3CaSO_4\downarrow + 2H_2O$$

由此可看出废渣的主要成分为二水硫酸钙，其质量分数达到 98%左右，只要经过一定的工艺处理，即可制取高质量的石膏粉。

南通柠檬酸厂将菌丝渣和淀粉渣用水洗后再压榨，使滤渣呈中性后再作饲料，较受欢迎。

(3) 赖氨酸工业废水综合治理利用技术　全部发酵产物浓缩脱水制造赖氨酸浓缩饲料，这种浓缩饲料与一般工艺生产的结晶赖氨酸不同，除含有赖氨酸外，还有菌体蛋白质及其他营养物质，比结晶赖氨酸具有更高的生物效力，同时工艺简单，生产成本低，且大大减少了污染。

① 赖氨酸发酵液生产浓缩饲料工艺。发酵液主要以糖蜜为原料，发酵 60～72h，总固体达 10%～13%（质量分数），赖氨酸为 2%～3%（质量分数），干菌体 1.5%；将发酵液进行真空浓缩，可采用四效蒸发器，第一效温度为 110℃，第四效温度为 65～70℃，发酵液用盐酸调 pH 为 4～4.5，加入 0.5%的 $NaHSO_3$ 作为稳定剂，防止其他微生物滋长，浓缩至总固体含量为 50%～65%（质量分数），调 pH 为 4～4.5，此浓缩液即为浓缩饲料，可保存几个月，赖氨酸无明显损失，可直接作饲料用。

② 发酵赖氨酸固体浓缩饲料工艺。发酵液经上述工艺过程后，将浓缩液送入喷雾干燥设备，制得固体饲料。

思 考 题

1. 制药企业可能产生哪些废液？可分为哪几类？
2. 简述萃取技术回收废水中有机物质的原理。
3. 简述离子交换技术处理工业废水的特点。
4. 试分析总结氨基酸工业废水综合利用中应用了哪些技术？

第六章　气体资源的分析与处理

【学习目标】

① 了解药品生产中废气的来源、分类及特性；

② 熟悉废气排放控制标准；

③ 掌握气体资源常用分析方法；

④ 通过实例分析，学会利用废气处理常用工艺技术对废气资源综合利用工艺进行综合分析比较。

第一节　气体资源利用的特点

药品生产过程需要使用各种气体资源，用于合成药品，用作热源和动力源等。如驱虫药氯硝柳胺合成中以氯气为原料，干燥药品需要用蒸汽加热，粉状物料的输送需要用压缩空气或氮气作动力等。

一、气体资源的特点与应用

1. 气体的特点

气体具有以下特点：①具有流动性，没有确定的形状，随容器的形状变化而变化；②体积随温度和压力的变化而变化，即具有可压缩性和膨胀性。一定量的气体在温度基本保持不变时，所加的压力越大其体积就会变得越小，当压力增大至某一值时，气体就会被压缩成液体。

工业生产中使用的气体通常以压缩或液化状态储存于钢瓶内。当被光照或受热后，温度升高，分子间的热运动加剧，体积就会膨胀增大；若在一定体积的容器内贮存气体，温度增高，压力将增大，当压力超过容器的耐压强度后，就会造成爆炸。因此，气体在使用过程中须控制温度和压力条件，以防产生爆炸危险。

2. 药品生产中气体资源的应用

(1) 蒸汽　药品生产企业特别是原料药厂大量使用蒸汽，蒸汽的用途包括动力来源、工业热源、工艺需要等。最常用的是作为工业热源，如作为夹套反应锅热源、蒸馏水器的热源、沸腾干燥器的热源、吸收式制冷机的热源、空调器的加热及加湿等。各种用途的蒸汽所要求的温度、压力都不一样。故常有高压、中压、低压蒸汽系统及相应的蒸汽凝水系统，蒸汽供应系统一般由锅炉房（或像热电厂那样的区域供热网）、蒸汽管网及用汽设备组成。

(2) 压缩空气　压缩空气是一种重要的动力来源，它具有良好的应用性能和特点，如清澈透明、输送方便、不凝结、没有特殊的有害性质、没有起火危险等。工业生产中常用的压缩空气技术要求见表 6-1，压缩空气可作为溶液搅拌、粉状物料输送的动力源，可用于驱动各种风动机械和风动工具，还可作为控制仪表及自动化装置的动力源等。

(3) 氮气　氮气在制药工业中有着广泛的用途，许多药品的化学合成过程需用氮气保护，生物工程中用纯氮隔离，制剂生产中氮气可作为无菌药品、糖浆中的保护性气体以防止发生氧化和玷污，在大输液、水针、粉针、冻干剂、口服液等生产中均直接使用氮气。因而，药品生产对氮气有很高的要求，药品生产对氮气的要求如下：

表 6-1 压缩空气技术要求

指标名称	指 标	指标名称	指 标
氧气含量(体积分数)/%	20～22	含油量/(mg/m^3)	＜1
二氧化碳含量/(mg/m^3)	＜1400	水分含量/(mg/m^3)	＜100
一氧化碳含量/(mg/m^3)	＜11	气味	没有异味和恶臭

① 氮气的纯度高，一般需达 99.99%以上，即国标中的无氧要求；

② 氮气应不含尘埃、热源与菌落，以用于注射剂的灌封；

③ 氮气要能在生产过程中保持恒压供给，以保证生产的正常运行。

纯氮及高纯氮常用深冷法由空气分离制取，也可用纯化法或氨还原法制取。氮气的质量直接影响到药品的质量，根据 GMP 规范和即将颁布的行业标准，制氮设施在满足提供合格氮气的基础上，应确保供氮过程的安全可靠。

在药品生产中还有许多原料、中间产物和产品也是气态的，这些气体资源在应用过程中，常被药品生产过程产生的副产物所污染，从而形成废气。

二、废气的来源、分类及特性

1. 废气的来源

制药生产中排放的废气主要含有氯气、氯化氢、硫化氢、氮氧化物、二氧化硫、有机化合物及恶臭物质等污染物，它们的来源大致有以下几个方面。

(1) 燃料燃烧　制药生产中各类燃料燃烧时均向大气排放大量废气。在发达国家燃料以石油为主，废气主要是一氧化碳、二氧化碳、氮氧化合物和有机化合物。我国以煤为主要燃料，约占能源消费的 75%，废气中的主要污染物是二氧化硫和颗粒物。

(2) 产品生产过程　制药企业在化学反应时加入过量的气体原料，同时副反应也会产生废气，气体作为原料和产品运输、粉碎过程的动力源时，均会产生大量废气。这类废气所含的污染物主要有粉尘、碳氢化合物、含硫化合物、含氮化合物及卤素化合物等。根据生产工艺、流程、原材料及操作管理条件和水平不同，所排放的废气中的污染物种类、数量、组成、性质等也有很大差异。废气中各类污染物的浓度限值见表 6-2。

(3) 生产工艺及设备　技术水平低，工艺控制不稳定，均可造成反应不完全，使气体原料变为废气；设备陈旧，管理不严格，可造成气体物料的跑、冒严重，使废气排放量增大。

(4) 在过滤、蒸馏等单元操作中，如果对尾气中低沸点、易挥发溶剂蒸汽回收不彻底，也会形成废气排放。

(5) 处理废水、废渣时也会产生废气，如焚烧法处理含氯、含硫、含氮等有机废渣时，会产生大量的焚烧尾气，如果不进行处理，将会造成二次污染。

2. 废气的分类及特性

废气常依据其所含污染物的成分不同进行分类，废气中常见的污染物包括碳氧化物、硫氧化物、氮氧化物、碳氢化合物、粒状污染物等。

(1) 碳氧化物　碳与氧反应而产生碳的氧化物，包括一氧化碳和二氧化碳。因 CO (C≡O) 分子中三键强度很大，使 CO 反应需要很高的活化能，以致 CO_2 的生成速度很慢。只有在供氧充分时才能变成 CO_2。另外，由于燃烧时温度很高，导致部分 CO_2 被还原成 CO。显然，在燃料燃烧过程中不可避免地生成一定浓度的 CO。一氧化碳是无色、无臭、无味的气体，其主要危害在于能参与光化学烟雾的形成，以及造成全球的环境问题。

表 6-2　大气污染物的浓度限值（GB 3095—1996）

污染物名称	取值时间	浓度限制			浓度单位
		一级标准	二级标准	三级标准	
二氧化硫（SO_2）	年平均	0.02	0.06	0.10	mg/m^3（标准状态）
	日平均	0.05	0.15	0.25	
	1h 平均	0.15	0.50	0.70	
总悬浮颗粒物（TSP）	年平均	0.08	0.20	0.30	
	日平均	0.12	0.30	0.50	
可吸入颗粒物（PM_{10}）	年平均	0.04	0.10	0.15	
	日平均	0.05	0.15	0.25	
氮氧化物（NO_x）	年平均	0.05	0.05	0.10	
	日平均	0.10	0.10	0.15	
	1h 平均	0.15	0.15	0.30	
二氧化氮（NO_2）	年平均	0.04	0.04	0.08	
	日平均	0.08	0.08	0.12	
	1h 平均	0.12	0.12	0.24	
一氧化氮（NO）	年平均	4.00	4.00	6.00	
	1h 平均	10.00	10.00	20.00	
臭氧（O_3）	1h 平均	0.12	0.16	0.20	μg/(dm^2 · d)（标准状态）
铅（Pb）	季平均		1.50		
	年平均		1.00		
苯并[α]芘（B[α]P）	日平均		0.01		
氟化物（F）	日平均		7①		
	1h 平均		20①		
	月平均	1.8②		3.0③	μg/(dm^2 · d)
	植物生长季平均	1.2②		2.0③	

① 适用于城市地区。

② 适用于牧业区和以牧业区为主的半农半牧业区、蚕桑区。

③ 适用于农业和林业区。

二氧化碳是含碳物质完全燃烧的产物，也是动物呼吸排出的废气，它本身无毒，对人体无害。近年来研究发现，现代大气中的 CO_2 浓度不断上升，会引起地球气候变化，称之为“温室效应”。所以联合国环境决策署将 CO_2 列为危害全球的 6 种化学品之一，因此，废气中 CO_2 含量愈来愈受到环境科学的关注。

（2）硫氧化物　矿物燃料燃烧、冶金、化工等都会产生 SO_2 或 SO_3。由煤和石油燃烧产生的 SO_2 占总排放量的 88%。SO_2 具有强烈的刺激性气味，它能刺激眼睛，损伤呼吸器官，引起呼吸道疾病。特别是 SO_2 与大气中的尘粒、水分可形成气溶胶颗粒，其过程如下：

$$SO_2 \xrightarrow{\text{催化或光化学氧化}} SO_3 \xrightarrow{H_2O} H_2SO_4 \xrightarrow{H_2O} (H_2SO_4)_m(H_2O)_n$$

由 SO_2 氧化成 SO_3 是关键的一步。在大气中可能由光化学氧化、液相氧化、多相催化氧化这三个途径来实现。许多污染事件表明，SO_2 与其他物质结合会产生更大的影响，如 1952 年 12 月有 5 天时间，伦敦上空烟尘和 SO_2 浓度很高，地面上完全处于无风状态，雾很大，从工厂和家庭排出的烟尘积蓄在空中久久不能散开，这种污染称为伦敦型烟雾或硫酸烟雾，对人的危害很大，导致 3500～4000 人死亡；尸体解剖表明，多数人的呼吸道受到刺激，SO_2 是造成死亡率过高的祸首。

SO_2 的腐蚀性很大，能导致皮革强度降低，建筑材料变色，塑像及艺术品毁坏。在与植物接触时，会杀死叶组织，引起叶子脱色变黄，农作物产量下降。另外，SO_2 在大气中含量过高是形成酸雨污染的重要因素。如我国华中地区是全国酸雨污染最重的区域，北方京津地区、图们、青岛等地也频频出现酸性降水。表 6-3 列出了我国部分城市降水的 pH 值。

表 6-3　我国部分城市降水的 pH 值

城市	pH	城市	pH	城市	pH
北京	5.96	石家庄	5.36	贵阳	4.07
天津	5.96	武汉	5.47	重庆	4.14
济南	6.10	杭州	4.72	长沙	4.30
南京	4.59	宜宾	4.87		

大气中的 SO_2 主要通过降水清除或氧化成硫酸盐微粒后再干沉降或雨除。除此之外，土壤的微生物降解、化学反应、植被和水体的表面吸收等都是去除 SO_2 的途径。

(3) 氮氧化合物　在大气中含量多、危害大的氮氧化物（NO_x）只有一氧化氮（NO）和二氧化氮（NO_2）。实验证明，NO 的生成速度是随燃烧温度升高而加大的。在 300℃以下，产生很少的 NO。燃烧温度高于 1500℃时，NO 的生成量显著增加。NO 与有强氧化能力的物质作用（如大气中臭氧作用），则生成 NO_2 的速度很快。NO_2 是一种红棕色有害的恶臭气体，具有腐蚀性和刺激作用。

大气中的氮氧化物对人类、动植物的生长及自然环境有很大的影响。

① 对人类的影响。当空气中的 NO_2 含量达 150ml/m^3 时，对人的呼吸器官有强烈的刺激，3～8h 会发生肺水肿，可能引起致命的危险。作为低层大气中最重要的光吸收分子，NO_2 可以吸收太阳辐射中的可见光和紫外光，被分解为 NO 和氧原子，即 $NO_2+h\nu$(290～400nm)→NO+[O]，生成的氧原子非常活泼，由它可继续发生一系列反应，导致光化学烟雾。

② 对森林和作物生长的影响。NO_x 通过叶表面的气孔进入植物活体组织后，干扰了酶的作用，阻碍了各种代谢机能；有毒物质在植物内还会进一步分解或参与合成过程，产生新的有害物质，侵害作物内的细胞和组织，使其坏死。NO_x 也是形成酸雨的重要原因之一。酸雨可以破坏作物根系统的营养循环，与臭氧结合损害树的细胞膜，破坏光合作用；酸雾还会降低树木的抗严寒和干燥的能力。

③ 对全球气候的影响。氮氧化物和二氧化碳都会引起"温室效应"，使地球气温上升 1.5～4.5℃，造成全球性气候反常。大气中的 NO_x 大部分最终转化为硝酸盐颗粒，通过湿沉降和干沉降过程从大气中消除，被土壤、水体、植被等吸收、转化。

(4) 碳氢化合物　碳氢化合物的人为排放源中，汽油燃烧占 38.5%、焚烧占 28.3%、溶剂蒸发占 11.3%、石油蒸发和运输消耗占 8.8%、提炼废物占 7.1%。一般碳氢化合物对人的毒性不大，主要是醛类物质具有刺激性。对大气的最大影响是碳氢化合物在空气中反应形成危害较大的二次污染物，如光化学烟雾。碳氢化合物从大气中去除的途径主要有土壤微生物活动，植被的化学反应、吸收和消化，对流层和平流层化学反应，以及向颗粒物转化等。

(5) 粒状污染物　悬浮在大气中的微粒统称为悬浮颗粒物，简称颗粒物。这种微粒可以是固体也可以是液体，因其对生物呼吸、环境清洁、空气能见度以及气候因素等造成不良影响，所以是大气中危害最明显的一类污染物。

粒状污染物的危害主要是遮挡阳光，使气温降低，或形成冷凝核心，使云雾和雨水增多，以致影响气候，使可见度降低，交通不便，航空与汽车事故增加；可见度差导致照明耗电增加，燃料消耗随之增多，空气污染也更严重，形成恶性循环；颗粒物与 SO_2 的协同作用对呼吸系统危害加大。

第二节　气体资源的分析检测

一、气体资源常用分析检测方法

1. 气体资源常用分析检测方法

(1) 化学分析法　以物质的化学反应为基础的分析方法称为化学分析法，主要包括重量法和滴定法。根据反应原理的不同，滴定法可分为酸碱滴定法、络合滴定法、氧化还原滴定法和沉淀滴定法。化学分析法的主要特点有：①准确度高，其相对误差一般小于0.2%；②仪器设备简单，价格便宜；③灵敏度较低，适用于常量组分测定，不适于微量组分测定。

(2) 仪器分析法　仪器的种类很多，按照仪器工作原理不同，可分为：①以测定光辐射的吸收或发射为基础，如可见-紫外分光光度法、红外光谱法、荧光光度法、原子吸收光谱法、原子发射光谱法等；②以溶液的电化学效应为基础，如极谱法、库仑法、电导法、离子电极法、电位溶出法等；③以色谱分离检定为基础，如气相色谱法、高压液相色谱法、离子色谱法等；④以其他原理为基础的还有质谱法、中子活化法、X射线分析法、核磁共振法、电子显微镜等。

按照被测污染物的性质不同，可分为：①无机污染物分析法，如电位法、电导法、极谱法、库仑法、等离子体原子发射光谱分析法、等离子体发射光谱-质谱法（ICP-MS)、原子吸收分光光度法、分光光度法、荧光分光光度法、原子荧光法、电化学分析法、中子活化法、色谱法等；②有机污染物分析法，如气相色谱法、高压液相色谱法、离子色谱法、色谱-质谱法、色谱-质谱-质谱法、色谱-同位素比质谱法、紫外吸收光谱法、红外吸收光谱法、气相色谱-傅立叶红外光谱法、核磁共振波谱法、放射分析法（同位素稀释法、中子活化法)、加速器质谱法等。

仪器分析法的特点有：①灵敏度高，适用于微量组分的分析；②选择性强，对试样预处理要求简单；③响应速度快，容易实现连续自动测定；④有些仪器可以联合使用，如色谱-质谱联用仪等，可使每种仪器的优点都能得到更好的利用。

环境中存在大量由石化燃料燃烧所产生的微量或超微量的有毒、有害、难降解有机污染物，对这些污染物的研究进展依附于现代高精度分析测试仪器的发展。

应该指出的是，仪器分析方法用于废气分析检测仍具有一定的局限性，除了由于各种方法本身所固有的一些原因外，还有一个共同点，就是它们的准确度不够高，相对误差较大，通常在百分之几左右，有的甚至更差，因而在污染物分析方法的选择上，必须考虑到准确度问题。同时，仪器分析一般都需要以标准物进行校准，而很多标准物需要用化学分析法来标定。对于复杂污染物的分析，往往不是用一种而是综合应用几种方法。此外，仪器的价格比较高，有的十分昂贵，设备复杂。因此化学分析法和仪器分析法在分析污染物时是相辅相成的。选择时应根据具体情况，取长补短，互相配合。

2. 气体资源分析方法的选择

分析方法的选择是保证分析监测质量的重要环节，对同一污染项目的测定，常有多种方法可供选择。选择时一般遵循如下原则：

① 选择的分析方法对待测组分有足够的灵敏度、准确度和精密度，能达到要求的检测限和动态范围；

② 选择的分析方法具有较好的选择性和抗干扰能力；

③ 选择的分析方法要结合现有仪器设备和条件，尽可能降低测定成本。

为了保证测定结果的可比性，应尽可能选择标准分析方法。但是，由于环境样品来源复杂，样品间个体差异大，应用时要注意它们的适用性，必要时需结合样品的特殊性对标准方法进行适当修正。

由于污染物样品的复杂性，测量难度、要求信息量及响应速度在不断提高，这就给环境样品分析带来艰巨的任务。显然，采用一种分析技术往往不能满足要求，将几种方法结合起来，特别是将分离技术（气相色谱法、高效液相色谱法）和鉴定方法（质谱法、红外光谱法等）结合组成联用分析技术，不仅有可能将它们的优点汇集起来，取长补短，起到方法间的协同作用，从而提高方法的灵敏度、准确度以及对复杂混合污染物的分辨能力，同时还可以获得两种手段各自单独使用时所不具备的某些功能，因而联用分析技术已成为当前仪器分析发展的主要方向之一。

二、废气排放控制标准

化学合成类制药企业排放的大气污染物主要为氯化氢、溶剂（丁酯，丁醇）、二氯甲烷、异丙醇、粉尘、丙酮、乙腈、NH_3、NO_x 等。

这些污染物的排放标准是国家对污染源的允许排放量或排放浓度所做的具体规定。现阶段我国制药工业气体污染物排放的控制要求，执行《大气污染物综合排放标准》（GB 16297—1996），表 6-4 摘录了部分标准。

表 6-4 大气污染物排放限值

序号	污染物	最高允许排放浓度/(mg/m³)	最高允许排放速率/(kg/h)			无组织排放监控浓度限值	
			排气筒(m)	二级	三级	监控点	浓度/(mg/m³)
1	氯气[②]	65	25	0.52	0.78	周界外浓度最高点	0.4
			30	0.87	1.3		
			40	2.9	4.4		
			50	5.0	7.6		
			60	7.7	12		
			70	11	17		
			80	15	23		
2	苯	12	15	0.50	0.80	周界外浓度最高点	0.4
			20	0.90	1.3		
			30	2.9	4.4		
			40	5.6	7.6		
3	乙醛	125	15	0.050	0.080	周界外浓度最高点	0.04
			20	0.090	0.13		
			30	0.29	0.44		
			40	0.50	0.77		
			50	0.77	1.2		
			60	1.1	1.6		
4	氯化氢[③]	1.9	25	0.15	0.24	周界外浓度最高点[①]	0.024
			30	0.26	0.39		
			40	0.88	1.3		
			50	1.5	2.3		
			60	2.3	3.5		
			70	3.3	5.0		
			80	4.6	7.0		

续表

序号	污染物	最高允许排放浓度/(mg/m³)	最高允许排放速率/(kg/h)			无组织排放监控浓度限值	
			排气筒(m)	二级	三级	监控点	浓度/(mg/m³)
5	甲醇	190	15 20 30 40 50 60	5.1 8.6 29 50 77 100	7.8 13 44 70 120 170	周界外浓度最高点	12
6	苯胺类	20	15 20 30 40 50 60	0.52 0.87 2.9 5.0 7.7 11	0.78 1.3 4.4 7.6 12 17	周界外浓度最高点	0.4

① 周界外浓度最高点一般应设置于无组织排放源下风向的单位周界外 10m 范围内，若预计无组织排放的最大落地浓度点越出 10m 范围，可将监控点移至该预计浓度最高点。

② 排放氯气的排气筒不得低于 25m。

③ 排放氰化氢的排气筒不得低于 25m。

第三节 废气处理常用工艺技术

药品生产工业所排放的废气中有害物质种类繁多，根据这些物质化学性质和物理性质的不同，采用的治理技术方法也不同。

一、吸收技术

吸收技术是选用适当的液体作为吸收剂，通过废气与吸收剂密切接触，使废气中的有害物质被吸收于吸收剂中，气体得到净化的技术。在吸收过程中，用来吸收气体中有害物质的液体叫做吸收剂，被吸收的组分称为吸收质，吸收了吸收质后的液体叫做吸收液。根据吸收原理不同，吸收操作可分为物理吸收和化学吸收。在处理气量大、有害组分浓度低为特点的各种废气时，化学吸收的效果要比单纯的物理吸收好得多，因此采用吸收技术治理气体污染时，多采用化学吸收法进行。

选择吸收剂一般遵循如下原则：吸收容量要大，即在单位体积吸收剂中吸收的有害气体数量要大；饱和蒸气压要低，以减少因挥发而引起的吸收剂的损耗；选择性要高，即对有害气体吸收能力强；沸点要适宜，热稳定性要好，黏度及腐蚀性要小，价廉易得。

吸收剂的选择直接影响吸收效果。根据以上原则，若去除废气中的氯化氢、氨、二氧化硫、氟化氢等有害物质，可用水作吸收剂；若去除废气中的二氧化硫、氮氧化物、硫化氢等酸性气体，可选用碱液（如烧碱溶液、石灰乳、氨水等）作吸收剂；若去除氨等碱性气体可选用酸液（如硫酸溶液）作吸收剂。另外，碳酸丙烯酯、*N*-甲基吡咯烷酮及冷甲醇等有机溶剂也可以有效地去除废气中的二氧化碳和硫化氢。

吸收一般采用逆流操作，被吸收的气体由下向上流动，吸收剂由上而下流动，在气液逆流接触中完成传质过程。吸收工艺流程有非循环和循环两种，前者吸收剂不予再生，后者吸收剂封闭循环使用。吸收设备的主要作用是使气液两相充分接触，以便更好地发生传质过程。常用的吸收装置性能比较见表 6-5。

表 6-5 吸收装置性能比较

装置名称	分散相	气侧传质系数	液侧传质系数	所用的主要气体
填料塔	液	中	中	SO_2、H_2S、HCl、NO_2 等
空塔	液	小	小	HF、SiF、HCl
旋风洗涤塔	液	中	小	含粉尘的气体
文丘里洗涤塔	液	大	中	HF、H_2SO_4、酸雾
板式塔	气	小	中	Cl_2、HF
湍流塔	液	中	中	HF、NH_3、H_2S
泡沫塔	气	小	大	Cl_2、NO_2

吸收技术具有设备简单、捕集效率高、应用范围广、一次性投资低等特点，已被广泛用于有害气体的治理，例如含 SO_2、H_2S、HF 和 NO_x 等污染物的废气，均可用吸收技术净化。但由于吸收过程将气体中的有害物质转移到了液相中，因此必须对吸收液进行处理，否则会对环境造成二次污染。

二、除尘技术

随着工业的不断发展，人为排放的气溶胶粒子所占的比例逐渐增加。据统计，至 2000 年人为活动所造成的气溶胶粒子的排放量是 1968 年的 2 倍，城市大气首要污染物主要是悬浮颗粒物。在制药工业所排放的废气中，粉尘物质主要含有硅、铝、铁、镍、钒、钙等氧化物及粒度在 $10^3\mu m$ 以下的浮游物质。因此，废气治理的重要内容是控制这些粉尘污染物的排放数量。

1. 粉尘的控制与防治措施

从不同角度进行粉尘的控制与防治工作，主要有以下四个工程技术领域。

(1) 防尘规划与管理　主要包括园林绿化的规划管理以及对有粉尘物料加工过程和生产中产生粉尘的过程实现密封化和自动化。园林绿化带具有阻滞粉尘和收集粉尘的作用，对生产粉尘单位尽量用园林绿化带保卫起来或隔开，可使粉尘向外扩散减少到最低限度；而对于在生产过程中需要对物料进行破碎、研磨等工序时，要采用密闭技术，或在自动化装置中进行。

(2) 通风技术　对工作场所引进清洁空气，以替换含尘浓度较高的污染空气，以保证操作人员的健康要求。通风技术分为自然通风和人工通风两大类，人工通风又包括单纯换气技术及带有气体净化措施的换气技术。

(3) 除尘技术　包括对悬浮在气体中的粉尘进行捕集分离，以及对已落到地面或物体表面上的粉尘进行清除。前者采用干式除尘和湿式除尘等不同方法进行废气处理，后者采用各种定型的除（吸）尘设备进行清除处理。

(4) 防护罩技术　包括个人使用的防尘面罩、设备上安装的除尘装置和整个车间采取的防护技术。

2. 除尘装置

(1) 分类　根据各种除尘装置作用原理的不同，可以分为机械除尘器、湿式除尘器、电除尘器和过滤式除尘器四大类。另外，声波式除尘器除依靠机械原理除尘外，还利用了声波的作用使粉尘凝集，故有时将声波除尘器分为另一类。机械除尘器还可分为重力除尘器、惯性力除尘器和离心除尘器。

近年来，为提高对微粒的捕集效率，还出现了综合几种除尘原理的新型除尘器，如声凝聚器、热凝聚器、高梯度磁分离器等，但目前大多数仍处于试验阶段，还有些新型除尘器由于性能、经济效益等方面的原因不能被推广应用。

(2) 除尘器的除尘机理　表 6-6 列出了常用除尘器的除尘机理。

表 6-6　常用除尘器的除尘机理

除尘装置	除尘机理							
	沉降作用	离心作用	静电作用	过滤	碰撞	声波吸引	折流	凝集
沉降室	○							
挡板式除尘器					○		△	△
旋风式除尘器		○			△			△
湿式除尘器		△			○		△	△
电除尘器			○					
过滤式除尘器				○	△		△	△
声波式除尘器					△	○	△	△

注：○指主要机理；△指次要机理。

(3) 除尘装置的选择和组合　除尘器的性能指标通常包括：①除尘器的除尘效率；②除尘器的处理气体量；③除尘器的压力损失；④设备基建投资与运转管理费用；⑤使用寿命；⑥占地面积或占用空间体积等。

以上六项性能指标中，前三项属于技术性能指标，后三项属于经济指标。这些项目是互相关联、相互制约的，其中压力损失与除尘效率是一对主要矛盾，前者代表除尘器所消耗的能量，后者表示除尘器所给出的效果，从除尘器的除尘技术角度来看，总是希望所消耗的能量最少，而达到最高的除尘效率，然而要使六项指标都处于最佳状态，实际上是不可能的。所以在选用除尘器时，要根据气体污染的具体要求，通过分析比较来确定除尘方案和选定除尘装置。

表 6-7、表 6-8 分别列出了各种主要除尘设备的优缺点和性能情况，便于比较和选择。

表 6-7　各种主要除尘设备优缺点比较

除尘器	原理	适用粒径/μm	除尘效率/%	优　点	缺　点
沉降室	重力	100～50	40～60	①造价低； ②结构简单； ③压力损失小； ④磨损小； ⑤维修容易； ⑥节省运转费	①不能除去小颗粒粉尘； ②效率较低
挡板式(百叶窗)除尘器	惯性力	100～10	50～70	①造价低； ②结构简单； ③处理高温气体； ④几乎不用运转费	①不能除去小颗粒粉尘； ②效率较低
旋风式除尘器	离心力	5 以下 3 以上	50～80 10～40	①设备较便宜； ②占地少； ③处理高温气体； ④效率较高； ⑤适用于高浓度烟气	①压力损失大； ②不适于黏、湿气体； ③不适于腐蚀性气体
湿式除尘器	湿式	1 左右	80～99	①除尘效率高； ②设备便宜； ③不受温度、湿度影响	①压力损失大，运转费用高； ②用水量大，有污水需要处理； ③容易堵塞

续表

除尘器	原理	适用粒径/μm	除尘效率/%	优点	缺点
过滤式(袋式)除尘器	过滤	20～1	90～99	①效率高； ②使用方便； ③低浓度气体适用	①容易堵塞,滤布需替换； ②操作费用高
电除尘器	静电	20～0.05	80～99	①效率高； ②处理高温气体； ③压力损失小； ④低浓度气体适用	①设备费用高； ②粉尘黏附在电极上,对除尘有影响,效率降低； ③需要维修费用

表 6-8 常用除尘装置性能一览表

除尘器名称	捕集粒子的能力/%			压力损失/Pa	设备费	运行费	装置的类别
	50μm	5μm	1μm				
重力除尘器	—	—	—	100～150	低	低	机械
惯性力除尘器	95	16	3	300～700	低	低	机械
旋风式除尘器	96	73	27	500～1500	中	中	机械
文丘里除尘器	100	>99	98	3000～10000	高	高	湿式
电除尘器	>99	98	92	100～200	中	中	静电
袋式除尘器	100	>99	99	100～200	较高	较高	过滤
声波除尘器	—	—	—	600～1000	中	中	声波

根据含尘气体的特性，可以从下述几个方面考虑除尘装置的选择和组合。

① 若尘粒的粒径较小，几微米以下粒径占多数时，应选用湿式、过滤式或电除尘式除尘器；若粒径较大，以 10μm 以上粒径占多数时，可选用机械除尘器。

② 若气体含尘浓度较高时，可用机械式除尘；若含尘浓度低时，可采用文丘里洗涤器；若气体的进口含尘浓度较高而又要求气体出口的含尘浓度较低时，则可采用多级除尘器串联组合方式除尘，先用机械除尘器除去较大尘粒，再用电除尘或过滤式除尘器等去除较小粒径的尘粒。

③ 对于黏附性较强的尘粒，最好采用湿式除尘器，而不宜采用过滤式除尘器，因为黏附的尘粒易造成滤布堵塞；也不宜采用电除尘器，因为尘粒黏附在电极表面上将使电除尘器的效率降低。

④ 若采用电除尘器，一般可以预先通过温度、湿度调节或添加化学药品的方法，使尘的电阻率在 10^4～10^{11} Ω·cm 范围内。电除尘器只适用于废气温度在 500℃以下的情况。

⑤ 气体温度增高，黏性将增大，流动时压力损失增加，除尘效率也会下降。而温度过低，低于露点温度时，会有水分凝出，增大尘粒的黏附性。故一般应在比露点温度高 20℃的条件下进行除尘。

⑥ 气体成分中若含有易燃易爆的气体，如 CO 等，应将 CO 氧化为 CO_2 后再进行除尘。

由于除尘技术的方法和设备种类很多，各具有不同的性能和特点。除需考虑当地大气环境质量、尘粒的环境容许标准与排放标准、设备的除尘效率及有关经济技术指标外，还必须了解尘粒的特性，如粒径、粒度分布、形状、比电阻、黏性、可燃性、凝集特性，了解含尘气体的化学成分、温度、压力、湿度、黏度等。总之只有充分了解所处理含尘气体的特性，又能充分掌握各种除尘装置的性能，才能合理地选择出既经济又有效的除尘装置。

三、吸附技术

废气处理的吸附技术就是使废气与表面积较大的多孔性固体物质相接触，使废气中的有害组分吸附在固体表面上，使其与气体混合物分离，从而达到净化气体的目的。具有吸附作用的固体物质称为吸附剂，被吸附的气体组分称为吸附质。

吸附过程是可逆过程，在吸附质被吸附的同时，部分已被吸附的吸附质分子还可因分子的热运动而脱离固体表面回到气相中去，这种现象称为脱附。当吸附与脱附速度相等时就达到了吸附平衡，吸附的表观过程停止，吸附剂就丧失了吸附能力，此时应当对吸附剂进行再生，即采用一定的方法使吸附质从吸附剂上解脱下来。吸附技术治理气态污染物的过程包括吸附和吸附剂再生的全过程。

吸附法净化废气的效率高，特别是对低浓度气体仍具有很强的净化能力。吸附技术常常应用于排放标准要求严格，用其他方法达不到净化要求的气体净化。但是由于吸附剂需要重复再生利用，以及吸附剂的容量有限，使得吸附方法的应用受到一定的限制，如对高浓度废气的净化，一般不宜采用该法，否则需要对吸附剂频繁进行再生，不仅影响吸附剂的使用寿命，同时会增加操作费用及工艺上的繁杂程序。

合理选择和利用高效率吸附剂，是提高吸附效果的关键。所选的吸附剂应具有较大的比表面积和孔隙率、良好的选择性、较强的吸附能力、较大的吸附容量、易于再生、机械强度大、化学稳定性强、热稳定性好、耐磨损、寿命长、价廉易得等特性。常用的吸附剂及应用范围见表 6-9。

表 6-9　常用吸附剂及应用范围

吸附剂	可吸附的污染物种类
活性炭	苯、甲苯、二甲苯、丙酮、乙醇、乙醚、甲醛、煤油、汽油、光气、醋酸乙酯、苯乙烯、恶臭物质、H_2S、Cl_2、CO、SO_2、NO_x、CS_2、CCl_4、$CHCl_3$、CH_2Cl_2
活性氧化铝	H_2S、SO_2、C_nH_m、HF
硅胶	NO_x、SO_2、C_2H_2、烃类
分子筛	NO_x、SO_2、CO、CS_2、H_2S、NH_3、C_nH_m、Hg(气)
泥煤、褐煤	NO_x、SO_2、SO_3、NH_3

吸附效率较高的吸附剂如活性炭、分子筛等，价格一般都比较昂贵，因此必须对失效吸附剂进行再生而重复使用，以降低废气处理的费用。常用的再生方法有热再生（升温脱附）、降压再生（减压脱附）、吹扫再生、化学再生等。由于再生操作比较麻烦，且必须专门供应蒸气或热空气以满足吸附剂再生的需要，使设备费用和操作费用增加，限制了吸附技术的广泛应用。

四、催化转化技术

气态污染物的催化转化技术是利用催化剂的催化作用，将废气中的有害物质转化为无害物质或易于去除的物质，使废气得到治理的技术。

催化转化技术与吸收技术、吸附技术不同，其在治理污染过程中，无需将污染物与主气流分离，可直接将有害物质转变为无害物质，不仅可避免产生二次污染，而且可简化操作过程。此外，所处理的气体污染物的初始浓度都很低，反应的热效应不大，一般可以不考虑催化床层的传热问题，从而大大简化催化反应器的结构。因此，可使用催化转化技术使废气中的碳氢化合物转化为二氧化碳和水，氮氧化物转化为氮，二氧化硫转化为三氧化硫后加以回收利用。例如有机废气和臭气催化燃烧，气体尾气的催化净化等。该法的缺点是催化剂价格较高，废气预热需要一定的能量。

催化剂一般是由多种物质组成的复杂体系，按各成分所起作用的不同，主要分为活性组分、载体、助催化剂。催化剂的活性除表现为使反应速度明显加快之外，还具有如下特点。

① 催化剂只能缩短反应到平衡的时间，而不能使平衡移动，更不可能使热力学上不可发生的反应进行。

② 催化剂性能具有选择性，即特定的催化剂只能催化特定的反应。

③ 每一种催化剂都有它的特定活性温度范围。低于活性温度，反应速度慢，不能发挥催化作用；高于活性温度，会使催化剂很快老化甚至被烧坏。

④ 每一种催化剂都有中毒、衰老的特性。

常用的催化剂一般为金属盐类或金属，如钒、铂、铅、镉、氧化铜、氧化锰等物质。将其载在具有巨大表面积的惰性载体上，典型的载体为氧化铝、铁矾土、石棉、陶土、活性炭和金属丝等。根据活性、选择性、机械强度、热稳定性、化学稳定性及经济性等来筛选催化剂是催化净化有害气体的关键。

五、燃烧技术

废气处理的燃烧技术是对含有可燃有害组分的混合气体加热到一定温度后，组分与氧气反应进行燃烧，或在高温下氧化分解，从而使这些有害物质组分转化为无害物质。该方法主要应用于碳氢化合物、一氧化碳、恶臭、沥青烟、黑烟等有害物质的净化治理。燃烧技术工艺简单，操作方便，净化程度高，并可回收热能，但不能回收有害气体，有时会造成二次污染。常用的燃烧技术分类及比较见表 6-10。

表 6-10 燃烧技术分类及比较

方法	适用范围	燃烧温度/℃	设备	特点
直接燃烧	含可燃烧组分浓度高或热值高的废气	>1100	一般窑炉或火炬管	有火焰燃烧，燃烧温度高，可燃烧掉废气中的炭粒
热力燃烧	含可燃烧组分浓度低或热值低的废气	720～820	热力燃烧炉	有火焰燃烧，需加辅助燃料，火焰为辅助燃料的火焰，可烧掉废气中的炭粒
催化燃烧	基本上不受可燃组分的浓度与热值限制，但废气中不许有尘粒、雾滴及催化剂毒物	300～450	催化燃烧炉	无火焰燃烧，燃烧温度最低，有时需电加热点火或维持反应温度

直接燃烧法是将废气中的可燃有害组分当作燃料直接烧掉，主要用在石油工业和化学工业中，它是将废气连续通入烟囱，在烟囱末端进行燃烧，俗称“火炬”燃烧。此法安全、简单、成本低，但不能回收热能。

热力燃烧是利用辅助燃料燃烧放出的热量，将混合气体加热到要求的温度，使可燃的有害物质在高温下分解变为无害物质。其步骤为：①燃烧辅助燃料提供预热能量；②高温燃气与废气混合以达到反应温度；③废气在反应温度下充分燃烧。热力燃烧可用于可燃性有机物含量较低的废气及燃烧热值低的废气治理，可同时去除有机物及超微细颗粒，其设备结构简单，占用空间小，维修费用低，缺点是操作费用高。

催化燃烧是在催化剂的存在下，废气中可燃组分能在较低的温度下进行燃烧反应，图 6-1 为回收热量的催化燃烧过程示意图。这种方法不必进行燃料的预热，反应速度较高，减少反应器的容积，提高一种或几种反应物的相对转化率。催化燃烧的主要优点是操作温度低，燃料耗量低，保温要求不严格，能减少回火及火灾危险。但催化剂较贵，需要再生，基建投资高，而且大颗粒物及液滴应预先除去，不能用于易使催化剂中毒的气体。

六、冷凝技术

废气冷凝技术是利用物质在不同温度下具有不同饱和蒸气压这一特性，采用降低废气温

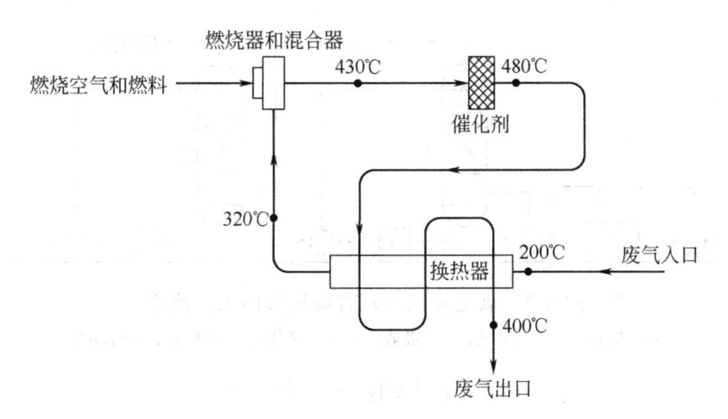

图 6-1 回收热量的催化燃烧过程示意图

度或提高废气压力的方法，使处于蒸气状态的污染物冷凝并从废气中分离出来的过程。该法特别适用于处理污染物浓度在 $10000cm^3/m^3$ 以上的高浓度有机废气。冷凝法不宜处理低浓度的废气，常作为吸附、燃烧等净化高浓度废气的前处理过程，以减轻这些方法的负荷。此外，高湿度废气也用冷凝法使水蒸气冷凝下来，大大减少废气量，以便于后续处理。

第四节 废气综合利用实例

虽然药品生产装置规模较小，生产方式多以间歇操作为主，但排放的废气中有害物质浓度高、组成复杂，因此治理方法也多种多样。下面列举几个药厂的废气治理实例。

一、含氯气废气的吸收利用

氯气治理的主要方法是化学吸收法。常用的吸收剂有氢氧化钠、氢氧化钙、硫酸亚铁、氯化亚铁、四氯化碳、氯化硫等。

1. 碱液吸收法

当废气中含氯较低时，一般采用碱液或石灰乳中和吸收，得到的产物为次氯酸钙、次氯酸钠溶液，可用作纸浆漂白剂、水处理氧化剂、消毒剂、杀菌剂等。其化学反应如下：

$$2Cl_2+2Ca(OH)_2 \longrightarrow Ca(OCl)_2+CaCl_2+2H_2O$$

$$Cl_2+NaOH \longrightarrow NaOCl+NaCl+H_2O$$

图 6-2 是将泄漏到室内的氯气由引风机送入吸收装置处理的工艺流程。氯气吸收可采用聚氯乙烯材质的喷淋塔或填料塔，吸收液为 15%～20%氢氧化钠溶液，此法吸收效率可达 99.9%，尾气出口氯气浓度为 $10mg/m^3$。为防止次氯酸钠分解，吸收液 pH 应控制在 10 以上，吸收液温度不超过 35℃。

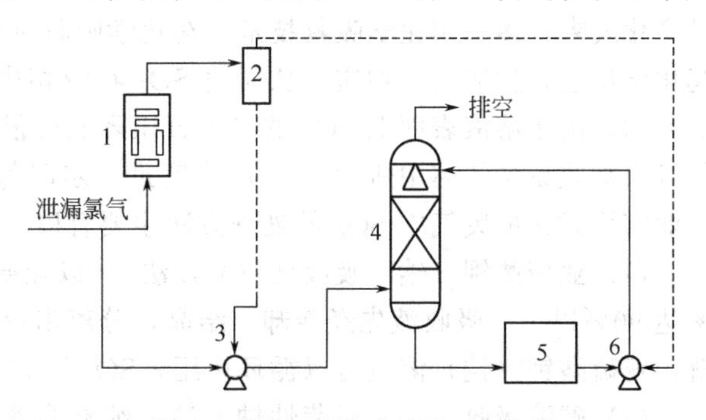

图 6-2 氯气碱液法吸收工艺流程

1—氯气泄漏测定器；2—控制板；3—引风机；4—吸收塔；5—循环液贮槽；6—泵

2. 铁盐法

国内采用化学吸收法处理氯气的还有硫酸亚铁法和氯化亚铁法。其化学反应式如下：

$$2FeSO_4+Cl_2 \longrightarrow 2FeClSO_4$$

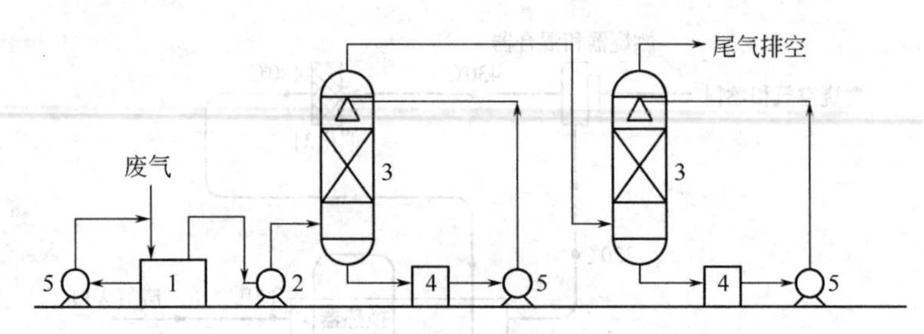

图 6-3　氯化亚铁处理含氯尾气的工艺流程

1—水洗槽；2—风机；3—吸收塔；4—氯化亚铁贮槽；5—循环泵

$$2FeCl_2 + Cl_2 \longrightarrow 2FeCl_3$$

图 6-3 是采用氯化亚铁溶液处理含氯废气的工艺流程。含氯尾气经水洗后由吸收塔下部通入，与上部喷淋下来的氯化亚铁溶液逆流接触发生化学反应，经两级串联吸收后，排放的尾气中氯含量小于 10mg/m^3，反应生成的三氯化铁，经加工后可作催化剂、防水剂等。

3. 四氯化碳吸收法

当废气中氯的含量大于 10g/m^3 时，可以采用四氯化碳或氯化硫吸收的方法回收氯气。一般采用喷淋塔或填料塔进行吸收，吸收液再引入解吸塔内，通过加热或减压的方法将氯解析出来，加以回收利用，吸收剂可循环套用。表 6-11 是四氯化碳处理含氯废气的工艺控制参数。

表 6-11　四氯化碳处理含氯废气的工艺控制参数

吸收液	入口	流量/(L/h)	3860	塔		直径/m	吸收塔 1.07 解析塔 0.74
		Cl_2 浓度/(mg/L)	73			材质	碳钢
		温度/℃	−18	吸收液	出口	Cl_2 浓度/(g/L)	69
废气	入口	温度/℃	100			温度/℃	10
		压力/MPa	0.755			压力/MPa	0.276
		Cl_2 浓度/(mg/L)	30	废气	出口	Cl_2 浓度	微量
		流量/(m^3/h)	175.3			流量/(m^3/h)	122.7

注：废气入口、出口流量均折算为标准状态的气体流量。

二、含 SO_2 废气的吸附处理

燃烧过程及一些产品生产排出的废气中 SO_2 浓度较高，且废气量大、影响面广，为满足净化要求，多采用化学吸收技术。在化学吸收过程中，SO_2 作为吸收质在液相中与吸收剂起化学反应，生成新的物质，从而使 SO_2 在液相中的含量降低，吸收过程推动力增加；另一方面，由于溶液表面上 SO_2 的平衡分压降低得很多，从而增加了吸收剂吸收气体的能力，使排出吸收设备气体中所含的 SO_2 浓度进一步降低，可以达到很高的净化要求。目前具有工业实用意义的废气中 SO_2 的处理方法主要有以下几种。

(1) 亚硫酸钾（钠）吸收法（WL 法）　以亚硫酸钾或亚硫酸钠为吸收剂，SO_2 的脱除率达 90%以上。吸收液先经冷却、结晶，分离出亚硫酸钾（钠），再用蒸汽将吸收液加热分解，亚硫酸钾（钠）溶液可以循环使用，SO_2 回收去制硫酸。

(2) 碱液吸收法　采用苛性钠溶液、纯碱溶液或石灰浆液作为吸收剂，吸收 SO_2 后制得亚硫酸钠或亚硫酸钙。

(3) 氨液吸收法　此法是以氨水或液态氨作吸收剂，吸收 SO_2 后生成亚硫酸铵和亚硫

酸氢铵。

(4) 吸附法　以活性炭作为吸附剂吸附废气中 SO_2 的方法应用较为广泛。当 SO_2 气体分子与活性炭相遇时，就被具有高度吸附力的活性炭表面所吸附，这种吸附是物理吸附，吸附的数量是非常有限的。但由于废气中有氧气存在，活性炭表面又起着催化氧化的作用，使已吸附的 SO_2 被氧化成 SO_3；如果有水蒸气存在，则 SO_3 就与水蒸气结合形成 H_2SO_4，吸附于微孔中，这样就增加了对 SO_2 的吸附量。整个吸附过程可表示为：

$$SO_2 \longrightarrow SO_2^*\text{（物理吸附）}$$

$$O_2 \longrightarrow O_2^*\text{（物理吸附）}$$

$$H_2O \longrightarrow H_2O^*\text{（物理吸附）}$$

$$2SO_2^* + O_2^* \longrightarrow SO_3^*\text{（化学反应）}$$

$$SO_3^* + H_2O^* \longrightarrow H_2SO_4^*\text{（化学反应）}$$

$$H_2SO_4^* + nH_2O^* \longrightarrow H_2SO_4 \cdot H_2O^*\text{（稀释作用）}$$

* 表示已被吸附在活性炭内。

活性炭利用 H_2S 进行还原再生。首先 H_2SO_4 在 H_2S 的还原作用下生成 S 和 H_2O，然后再用 H_2 作还原剂，在 540℃左右将 S 转化成 H_2S，生成的 H_2S 又可用作再生剂。还原再生过程的反应式为：

$$3H_2S + H_2SO_4 \longrightarrow 4S + 4H_2O$$

$$S + H_2 \xrightarrow{540℃} H_2S$$

图 6-4 是活性炭脱硫还原再生法流程。此法可以在较低温度下进行，过程简单，无副反应，脱硫效率为 80%～95%。但由于活性炭的负载能力较小，吸附时气速不宜过大，使活性炭用量较多，设备庞大，因此不宜处理大流量的废气。

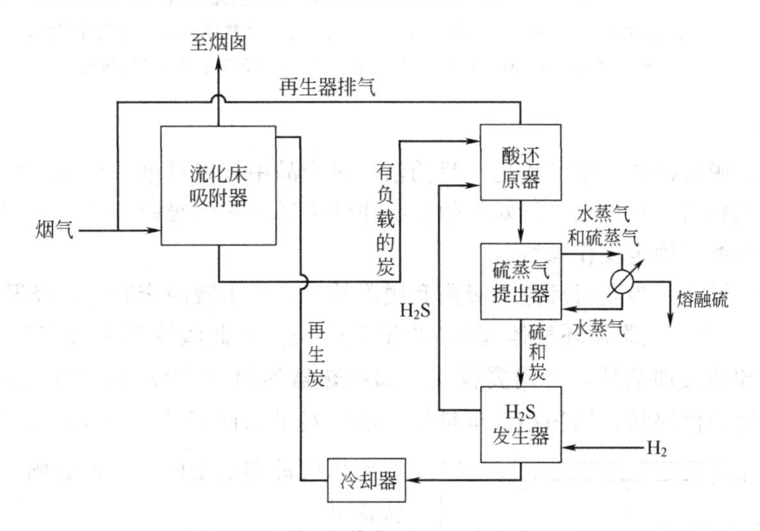

图 6-4　活性炭脱硫和还原再生法流程

三、含甲苯废气的吸附-冷凝处理

某药厂生产医药中间体，尾气为反应釜卸料时的排气及进料前的洗气，共有 18 个反应釜不同时段间歇排气，平均废气量约 2000m³/h，其中甲苯浓度 16.6g/m³（标准状况），四氢呋喃（THF）浓度为 2316g/m³（标准状况），其余为空气、N_2（洗气用 N_2）及微量氯乙烯，排气温度为常温。

废气回收处理采用集成加热器和冷却器的新型纤维活性炭吸附床，在净化废气的同时，回收了大量的挥发性有机化合物（VOC）溶剂，使环保投入产生了较好的经济效益和环境效益。

1. 工艺流程

图 6-5 为甲苯废气吸附-冷凝处理工艺流程图。由于反应釜排气为间歇排气，特设气体缓冲器使尾气均匀进入纤维活性炭吸附床。设两台吸附床，一台处于降温吸附过程，另一台处于加热脱附过程，两台吸附床通过电动阀门自动转换。吸附时启动设于固定炭层间的冷却器，以吸收吸附热、降低床层温度，尾气经吸附后，净化气体由排气风机进入烟囱排放。脱附时开启固定炭层间的加热器及循环风机，使系统全面加热，随着活性炭温度提高，VOC 逐渐解析出来，循环气体中 VOC 浓度也不断提高。解吸排出的气体先经预冷却器降温，再经冷凝器使 VOC 冷凝回收下来，之后气体经加热器升温回到吸附床加热解析活性炭，脱附过程不引入新风，脱附浓缩比较高。

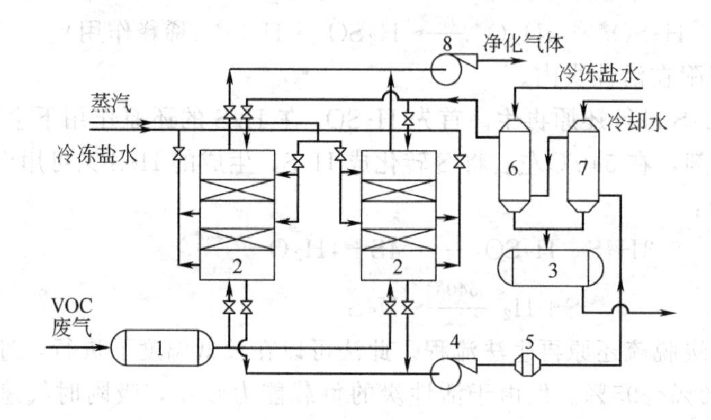

图 6-5 甲苯废气吸附-冷凝处理工艺流程图

1—气体缓冲器；2—纤维炭吸附床（内置加热、冷却换热器）；3—回收液储槽；

4—循环风机；5—阻火器；6—冷凝器；7—预冷却器；8—排气风机

2. 工艺要点

（1）吸附、脱附操作参数的确定　目前活性炭产品中，以纤维活性炭性能最佳，蜂窝活性炭次之，而颗粒活性炭再次。针对类似情况作纤维活性炭的吸附-脱附性能曲线，如图 6-6 所示，依据此曲线可确定操作参数。

（2）吸附床设计　为获得理想的吸附和脱附效率，要求吸附床升温、降温速度快，床内空气、N_2 残余量小，脱附循环气体 VOC 浓度提升快。为此吸附床常设多层吸附层，层与层之间设有冷却器及加热器，采用翼板式金属换热器换热效率较高，可以迅速地升温或降温，换热器特制为模块状，体积小、重量轻。活性炭设筛网托架，金属耗量少，安装紧凑，吸附床内部剩余空间小，使脱附时 VOC 浓度很快提升。

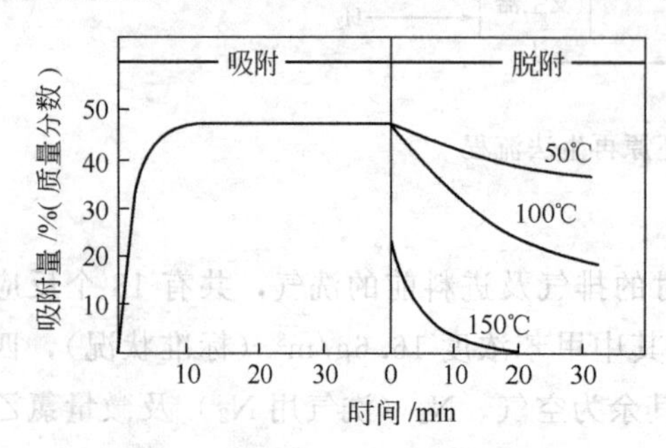

图 6-6 纤维活性炭吸附-脱附曲线

（3）冷凝效率　为达到较高的冷凝回收率，除提高脱附气体 VOC 浓度（即提升浓缩比）外，选取较低的冷凝温度以降低 VOC 饱和蒸气分压，也可提高回收率。当冷凝温度为 −5℃ 时，甲苯回收率≥90%，THF 回收率≥85%，大部分 VOC 得以冷凝回收。

思　考　题

1. 制药企业可能在哪些生产过程中产生废气？
2. 简述吸收法处理废气的原理。
3. 燃烧法适宜处理哪些废气？
4. 试分析比较常用的废气处理技术。

第七章　固体资源的分析与处理

【学习目标】

① 了解药品生产中固体废物的来源、分类及特性；

② 熟悉固体废物环境管理标准体系和药厂废渣的资源回收利用状况；

③ 掌握药厂废渣处理典型工艺。

④ 通过实例分析，学会利用废渣处理常用工艺技术对固体资源综合利用工艺进行综合分析比较。

第一节　固体废物的特点

一、固体废物的概念、危害及资源化途径

1. 工业固体废物的概念

由工业生产过程排出的、在一定时间和地点无法利用而被丢弃的污染环境的物质，都称为工业废物。若废物以固体、半固体形式存在，就叫做工业固体废物，通常又叫做工业废渣。

工业固体废弃物是相对于某一过程或某一方面没有实用价值，而并非在一切过程或一切方面都没有实用价值，随着条件的变化，固体废物可能成为另外一些过程中的原料，因此，固体废物有“放错地点的原料”之称，可以通过一定的技术手段，从废弃物中回收有用资源或能源继续用于生产，获得更大的经济效益、社会效益和环境效益。这一理念在固体废物的资源化过程中具有重要的意义。

2. 固体废物对环境的危害

(1) 工业固体废物产量迅速增加　随着工业生产规模的扩大，工业固体废物的产生量逐年递增，其中，化学制品制造业和医药制造业固体废物的产生和处理利用情况见表 7-1。

表 7-1　化学制品制造业和医药制造业固体废物的产生和处理利用情况（2007 年）

单位：万吨

行　业	化学原料及化学制品制造业	医药制造业
产生量	11784.5	316.9
危险废物	254.59	36.33
综合利用量	8291.0	293.0
贮存量	1510.0	1.9
处置量	2102.5	20.2
排放量	34.32	2.50
“三废”综合利用产品产值/万元	1110479	94902

尽管近年来我国加强了对工业固体废物的管理，但仍有 40%左右的固体废物没有得到妥善处理，只是在企业内部临时贮存。据不完全统计，全国每年由固体废物造成的环境污染

事故约 100 起，由此造成的环境纠纷也时有发生。

(2) 工业固体废物环境污染危害严重　工业固体废物中大多数含有重金属及部分有机有毒污染物，处置不当则会造成严重的环境污染。工业固体废物虽不像废水、废气那样到处迁移、扩散，但工业固体废物的大量排放和堆积占用了大量土地，造成工业固体废物与工农业生产及人们居住地的矛盾，浪费了大量的土地资源。另外，它还通过各种途径污染大气、水体、土壤和生态环境，危害人类健康。

① 污染水体。在工业固体废物堆放腐烂过程中产生大量酸性和碱性有机污染物，或将废渣中的重金属溶解出来，成为有机物、重金属和病原微生物三位一体的污染源。这些污染物随天然降水进入江河湖泊，随渗滤液进入土壤污染地下水。例如 20 世纪 40 年代，美国胡克化学公司向废河谷里堆放大量的废渣桶，后来发现住在附近的孩子患皮疹率增多，新生儿生理缺陷发病率很高，经检测，地下水和土壤中有大量氯苯、三氯乙烯、三氯苯酚等有毒化学物质，这就是震惊世界的“腊芙运河污染事件”，造成这起事件的凶手就是工业固体废物。

② 污染空气。污染空气的途径包括一些有机固体废物被微生物分解释放出的有害气体；以细粒状存在的废渣会随风进入大气；采用焚烧法处理固体废物也会污染大气。例如美国长岛的一个垃圾场填埋含氯乙烯的污泥，具有强烈致癌作用的氯乙烯从填埋场挥发到大气中，使得附近一所小学关闭。

③ 污染土壤。废物中的有害成分很容易经过风化、雨淋、地表径流渗入到土壤中，使土壤毒化、酸化、碱化，从而改变土壤的性质和结构。

④ 侵占土地。固体废物占地堆放，累积的存放量越多，所需的面积也越大，侵占了大量的土地资源。

⑤ 影响环境卫生和公众健康。固体废物未经无害化处理进入环境，会导致传染病菌的繁殖，严重影响居民的居住环境和卫生状况，进而对人们的健康造成威胁。

除了以上污染途径外，有些固体废物还可能造成燃烧、爆炸、接触中毒、腐蚀等特殊损害。

3. 工业固体废物的资源化途径

防治废渣污染应遵循“减量化、资源化和无害化”的“三化”原则。首先要采取各种措施，最大限度地从“源头”上减少废渣的产生量和排放量。其次，对于必须排出的废渣，要从综合利用上下工夫，尽可能从废渣中回收有价值的资源和能量。最后，对无法综合利用或经综合利用后的废渣进行无害化处理，以减轻或消除废渣的污染危害。

目前，固体废物的回收和综合利用是对已排放废渣最理想的处理方法。废渣中有相当一部分是未反应的原料或反应副产物，是宝贵的资源。因此，在对废渣进行无害化处理前，应尽量考虑回收和综合利用。许多废渣经过某些技术处理后，可回收有价值的资源。例如，废催化剂是化学制药过程中常见的废渣，制造这些催化剂要消耗大量的贵金属，从控制环境污染和合理利用资源的角度考虑，都应对其进行回收利用，还原工序压滤后产生的铁泥可以制备氧化铁红或磁芯，氧化工序离心后产生的锰泥可以制备硫酸锰或碳酸锰，废活性炭经再生后可以回用，硫酸钙废渣可制成优质建筑材料等。从废渣中回收有价值的资源，并开展综合利用，是控制污染的一项积极措施，不仅可以保护环境，而且可以产生显著的经济效益。

目前消纳和综合利用工业固体废物的途径主要有以下几种。

(1) 生产建材　制药过程中，如中和工序后常有硫酸钙产生，可用于优质建筑材料的生产。

(2) 回收再利用　如精制工序压滤后有废活性炭，可建再生装置再生后利用；精制所用的树脂也可再生使用。

(3) 回收各种有价金属　如从废催化剂中回收贵重金属。

(4) 生产饲料或饲料添加剂　如抗生素发酵液压滤后有大量废菌丝体，可用于饲料或饲料添加剂的生产。

(5) 生产农肥和土壤改良　许多工业固体废物含有较高的硅、钙、磷等，可作为农业肥料使用，施于农田中均具有较好的肥效，不但可提供农作物所需的营养元素，还有改良土壤的作用。

二、固体废物的来源、分类及特性

1. 工业固体废物的来源

我国是一个发展中国家，也是一个工业固体废物的产生大国。长期以来，我国经济发展为粗放型，随着工业化进程的加快，工业固体废弃物的产生量也迅速增长。据有关资料统计，2006 年全国工业固体废物产生量为 151541 万吨，比 2005 年增加 12.7%；工业固体废物排放量为 1302 万吨，比 2005 年减少 21.3%；工业固体废物综合利用量为 92601 万吨，比 2005 年增加 20.3%；工业固体废物处置量为 42883 万吨，比 2005 年增加 37.2%。总体来看，工业固体废物产生量在逐年增加，数量巨大、种类繁多、性质复杂，同时，采用贮存处理固体废物的方式逐渐减少，而综合利用量在逐渐增加。表 7-2 为全国工业固体废物产生及处理情况，图 7-1 为全国工业固体废物产生、处理及排放量年际变化曲线。

表 7-2　全国工业固体废物产生及处理情况　　单位：万吨

年度	产生量		排放量		综合利用量		贮存量		处置量	
	合计	危险废物	合计	危险废物	合计	危险废物	合计	危险废物	合计	危险废物
2000	81608	830	3186	2.6	34751	408	28921	276	9152	179
2001	88746	952	2894	2.1	47290	442	30183	307	14491	229
2002	94509	1000	2635	1.7	50061	392	30040	383	16618	242
2003	100428	1170	1941	0.3	56040	427	27667	423	17751	375
2004	120030	995	1762	1.1	67796	403	26012	343	26635	275
2005	134449	1162	1655	0.6	76993	496	27876	337	31259	339
2006	151541	1084	1302	20	92601	566	22398	267	42883	289
增长率/%	12.7	−6.7	−21.3	3227.7	20.3	14.1	−19.7	−20.8	37.2	−14.6

注："综合利用量"和"处置量"指标中含有综合利用和处置往年量。

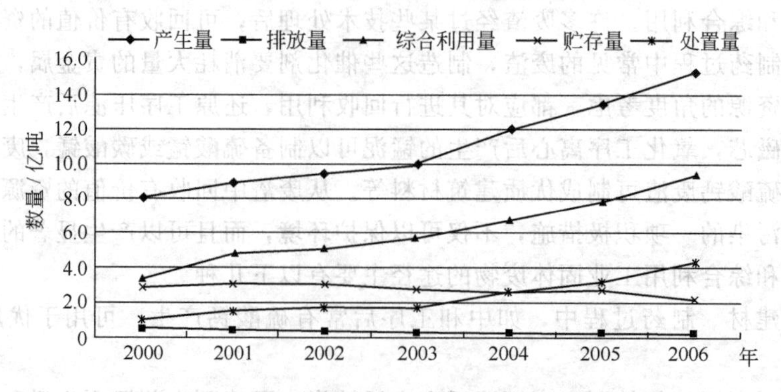

图 7-1　全国工业固体废物产生、处理及排放量年际变化

化学与制药工业是对环境的各种资源进行化学处理和转化加工生产的部门，其生产特点是四多，即原料多、生产方法多、产品品种多、产生的废物多。根据有关部门统计，用于化学与制药工业生产的各种原料最终约有 2/3 变成了废物。而这些废物中固体废物约占 1/2 以上，因此所用的各种原料中，最终有 1/3 变成废渣，可见废渣产生量十分巨大，且废渣同样会对环境造成污染和危害。

(1) 工业固体废物产生的方式 根据生产工艺和废物形态，化学与制药工业固体废物的产生方式有以下四种：

① 连续产生。固体废物在生产过程中被连续排放，如热电厂粉煤灰浆，这类废物的性质相对稳定。由于制药过程多数为间歇生产方式，因此制药行业固体废物排放很少为连续方式。

② 定期批量产生。固体废物在某一固定时间段内分批排放，如制药生产中通常定期批量产生废渣，每批数量大体相等；同批产生的废渣，物理化学性质相近，但批之间可能会存在较大的差异，这是比较常见的废渣产生方式。

③ 一次性产生。多指产品更新或设备检修时产生废渣的方式。这类废物产生量大小不等，有时混杂有相当数量的车间清扫废物和生活垃圾等，所以组成成分复杂，污染物含量变化无规律。

④ 事故性排放。因突发事件或因停水、停电使生产过程被迫中断而产生的报废原料和产品等废物，这类废物的污染物含量通常较高。如在抗生素生产的发酵过程中，由于停电、阀门损坏、设备泄漏等事故原因造成的整批物料染菌，不得不将整罐物料作为废物排放。

这些废渣中很大一部分可以通过各种资源回收手段，实现药厂废渣的综合利用，从而节约原料，降低成本，减少环境污染。

(2) 工业固体废物的种类 在化学与制药过程中产生的固体、半固体或浆状废物，主要包括中草药残渣，抗生素发酵废渣，生产过程中进行化合、分解、合成等化学反应时产生的不合格产品，副产物，失效催化剂，废添加剂，未反应的原料及原料中夹带的杂质，直接从反应装置排出的或在产品精制、分离、洗涤时由相应装置排出的工艺废物，空气污染控制设施排出的粉尘，废水处理产生的污泥，设备检修和事故泄漏产生的固体废物及报废的旧设备，化学品容器和其他工业垃圾等。

(3) 工业固体废物的综合利用 根据固体废物产生的途径和性质不同，其综合利用的途径不同，如生物制药是利用蛋白质、淀粉、维生素、矿物质等原料，经微生物发酵生产药物，其药渣中含有丰富的菌丝体及残留的有机物和无机物，是一种有机资源。中药制药大多从植物、动物中提取有效成分，残余的药渣一般含大量的粗纤维、粗脂肪、淀粉、粗多糖、粗蛋白、氨基酸及微量元素等，所以药渣的开发利用更广泛。

① 焚烧处理。它是将药渣装入药渣收集罐，为了达到焚烧炉的焚烧要求，进一步提高焚烧炉的燃烧效率，节约能源，需要在焚烧之前进行烘干，烘干设备可采用振动烘干机等，常将物料的含水率降低至 30%～40%。药渣经烘干等预处理后，再由倾斜式传输带将药渣传送到焚烧炉进行焚烧。焚烧处理可以将药渣作为燃料用于生产中，可减少能源消耗，并降低生产成本。

② 堆肥化处理。采用发酵技术，将药渣制成有机肥料。将药渣用微生物处理或与家禽粪便混合处理，这将是很好的农业用绿肥，把它用于农业生产或中药材生产，可实现药渣良好的生态循环消化。

③ 提取有效成分。可选择性地根据药渣中的化学成分，制定切实可行的生产工艺，如

采用酶技术从药渣中分离可利用的多糖。

④ 制成饲料。利用生物技术，通过微生物发酵法将药渣转化为菌体蛋白饲料，用于畜牧业、家禽养殖业，既可变废为宝，又可节约成本。另外，在中药药材中有一类治疗消化系统的药材，如黄连、木香、吴茱萸以及保肺滋肾的良药五味子等，它们被提取后的残渣还留存疗效，能够预防和治疗鱼类肠胃病、烂鳃病等病症。把这类药渣烘干以后粉碎，按药渣和饲料1：4的比例拌匀，撒到鱼塘里，连续喂7天。其疗效与抗生素相当，明显优于敌百虫等化学药品，使500g鱼苗成活率由原来的60%左右提高到85%以上。一些药渣如大枣、茯苓、麦冬、桑葚等，含有蛋白质、糖类和淀粉，把这些药渣粉掺到饲料里喂鸡、鸭、猪等畜禽，各种疾病的防治效果也很好，这样就可以减少或不使用抗生素等化学药品，有利于提高畜禽及鱼类的肉质和营养，避免食用者二次摄入抗生素等化学药品。

⑤ 用于生产食用菌。采用中药渣可以种食用菌，方法是将中药渣趁热倒入干净的塑料袋中，冷却至室温，喷液态菌种，再进行培养，则可长出食用菌。像夏枯草、益母草等一些草本植物的药材，其药渣主要成分是纤维素，纤维素经过加工以后，组织结构疏松，能够被食用菌中的酶分解利用，完全可以替代食用菌栽培过程中使用的棉籽壳，这样不仅可以缓解传统的棉籽壳栽培料逐渐缺乏的情况，而且其营养价值对于食用菌营养价值的提升也有好处。现通过技术培训和示范种植等形式，中药渣生产食用菌已在国内某些城市如山东省城阳、胶州等地进行了大面积的推广栽培。栽培食用菌后的残渣，因为它经过了食用菌的酶分解，富含植物所必需的氮、磷、钾三种元素，还可以作为优质的天然有机肥料使用。

2. 固体废物的分类

固体废物是大规模工业生产的副产品，产品的生产过程伴随着废物的产生过程。从不同角度出发，可对其进行不同的分类。

(1) 按其化学组成可分为有机废物和无机废物。无机废物有些是有毒的，如铬盐生产排出的铬渣，其特点是废渣排放量大、毒性强，对环境污染严重。有机废物大多指的是高浓度有机废物，其特点是组成复杂，有些具有毒性、易燃性和爆炸性，但其排放量一般不大。

(2) 按其形态可分为固体废物（如各种反应残渣、废催化剂、废药渣等）和半固体废物（如污泥、蒸馏釜残液等）。

(3) 按其污染特征可分为危险废物和一般废物。

3. 化学与制药工业固体废物的特点

(1) 产生量较大　化学与制药工业固体废物较多，而制药工业作为化学工业的一个分支，其废渣的产生量相对较少。

(2) 危险废物多　化学与制药工业固体废物中，有相当一部分具有毒性、反应性、腐蚀性等特征，对人体健康和环境有危害或潜在危害。

(3) 再资源化的可能性大　制药工业固体废物的性质、数量、毒性与原料路线、生产工艺和操作条件有很大的关系。一般情况下，废渣的数量比废水、废气少，污染也没有废水、废气严重，但废渣的组成复杂，且大多含有高浓度的有机污染物，有些还是剧毒、易燃、易爆物质。因此，必须对药厂废渣进行适当处理，以免造成环境污染。

三、我国固体废物环境管理标准体系

环境污染控制标准是各项环境保护法规、政策以及污染物处理处置技术得以落实的基本保障。近年来，各国都致力于制定更加严格、科学和合理的固体废物环境污染控制标准。我国现有的固体废物标准主要分为固体废物分类标准、固体废物检测标准、固体废物污染控制标准和固体废物综合利用标准四大类。

1. 固体废物分类标准

主要包括《国家危险废物名录》、《危险废物鉴别标准》(GB 5085.1～3—1996)、《城市垃圾产生源分类及垃圾排放》(CJ/T 3033—1996) 以及《进口废物环境保护控制标准(试行)》(GB 16487.1～12—1996) 等，其中，前两个标准与化工制药行业联系非常紧密，排放废渣必须按照相应的标准要求进行鉴别和排放。

2. 固体废物检测标准

这类标准的作用是给出污染物具体的统一测定标准，达到标准化目的，为行政执行和约束提供依据。这类标准主要包括固体废物的样品采制、样品处理以及样品分析方法的标准。

固体废物还可通过渗滤液和散发气体对环境进行二次污染，因此对于这些释放物的检测还应该遵循相关废水和废气的监测方法进行。

3. 固体废物污染控制标准

这类标准是固体废物管理标准中最重要的标准，是环境影响评价、三同时、限期治理、排污收费等一系列管理制度的基础。若没有标准，所有制度都将成为一纸空文。

这类标准分为两大类：一类是废物处置控制标准，即对某种特定废物的处置标准、要求，如《含多氯联苯废物污染控制标准》(GB 13015—91)；另一类是设施控制标准，目前已经颁布或正在制定的标准大多属于这类标准，这些标准中都规定了各种处置设施的选址、设计和施工、入场、运行、封场的技术要求和释放物的排放标准及监测要求，如《危险废物焚烧污染控制标准》(GB 18484—2001)、《危险废物安全填埋污染控制标准》(GB 18598—2001)。

4. 固体废物综合利用标准

为大力推行固体废物的综合利用技术并避免在综合利用过程中产生二次污染，国家环保总局将根据技术的成熟程度制定一系列有关固体废物综合利用的规范、标准。

第二节　固体废物处理常用工艺技术

一、热转化技术

(一) 焚烧法

焚烧法是使被处理的废渣与过量的空气在焚烧炉内进行氧化燃烧反应，从而使废渣中所含的污染物在高温下氧化分解而破坏，是一种高温处理和深度氧化的综合工艺。焚烧法不仅可以大大减少废渣的体积，消除其中的许多有害物质，而且可以回收一定的热量，是一种可同时实现减量化、无害化和资源化的处理技术。因此，对于一些暂时无回收价值的可燃性废渣，特别是当用其他方法不能解决或处理不彻底时，焚烧法常是一个有效的方法。固体废物焚烧一般工艺流程可以用图 7-2 表示。

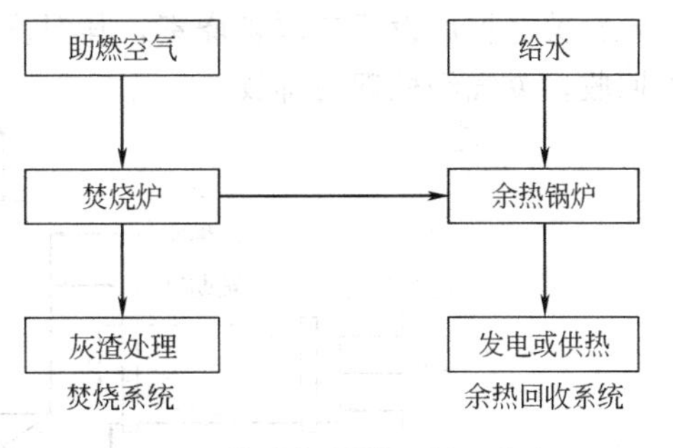

图 7-2　固体废物焚烧一般工艺流程

1. 焚烧原理

可燃废物一般可用 $C_xH_yO_zN_uS_vCl_w$ 表示，其完全燃烧的氧化反应可表示如下：

$$C_xH_yO_zN_uS_vCl_w + O_2 \longrightarrow CO_2 + H_2O + NO_2 + SO_2 + HCl + \text{废热} + \text{灰渣}$$

上述有机物在燃烧过程中有很多反应途径，最终的反应产物未必是 CO_2、H_2O、SO_2、NO_2、HCl，完全燃烧反应只是一种理论上的假说。在实际燃烧过程中，通过加入足够的氧气、保持适当温度和反应停留时间，控制燃烧反应使之接近理论燃烧，使燃烧后不致产生有毒气体。

2. 焚烧过程

从工程的角度看，需焚烧的物料从送入焚烧炉起，到形成烟气和固态残渣的整个过程，称为焚烧过程，可将其分为三个阶段。

(1) 干燥阶段　物料的干燥加热阶段是利用热能使固体废物中的水分蒸发并排出水蒸气的过程。当废物送入炉内后，其温度逐步升高，表面水分开始逐步蒸发，温度达到 100℃时，废物中的水分开始大量蒸发，废物不断得到干燥。在干燥阶段，废物中的水分以蒸汽形式析出，因此需要大量的热能。废物含水量越大，对炉内温度的影响越大，干燥阶段越长；水分过高，会使炉温降低，难以达到着火点，燃烧就困难，这时需要投入辅助燃料燃烧，以提高炉温，改善干燥着火条件。当水分基本析出后，废物温度开始迅速上升，直到着火进入真正的燃烧阶段。

(2) 燃烧阶段　固体废物基本完成干燥过程后，如果炉内温度足够高，且又有足够的氧化剂，就会很顺利地进入真正的燃烧阶段。

(3) 燃尽阶段　即生成固体残渣的阶段。可燃物浓度减少，反应生成的惰性物质增加，气态的 CO_2、H_2O 和固态的灰渣增加，由于灰层的形成和惰性气体的比例增加，剩余的氧化剂要穿透灰层进入物料的深部与可燃成分反应也越困难，整个反应的减弱使物料周围的温度也逐渐降低，即反应区温度降低，因此，要采取措施如翻动来有效减少物料外表面灰层的影响，同时控制过剩的空气量。

3. 焚烧设备

通常采用的焚烧炉主要有固定炉排式焚烧炉、机械炉排式焚烧炉、回转窑焚烧炉和流化床焚烧炉等。制药行业的部分反应残渣如化学物贮槽的底部沉积物、有机物蒸馏后的底部沉积物、一般蒸馏残渣等都适合采用回转窑焚烧炉进行焚烧处理。图 7-3 是常用的回转窑焚烧炉焚烧装置的工艺流程示意图。回转炉保持一定的倾斜度，并以一定的速度旋转，加入炉中的废渣由一端向另一端移动，并且在炉内翻滚，经过干燥区时，废渣中的水分和挥发性有机物被蒸发掉。温度开始上升，达到着火点后开始燃烧。回转窑焚烧炉内的温度一般控制在 650～1250℃。为了使挥发性有机物和气体中的悬浮颗粒所夹带的有机物能完全燃烧，常在回转窑焚烧炉后设置二次燃烧室，其温度控制在 1100～1370℃。燃烧产生的热量由废热锅炉回收，废气经处理后排放。

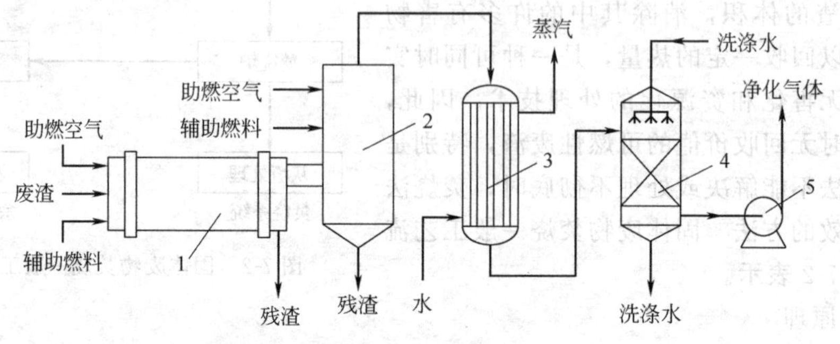

图 7-3　回转窑焚烧炉废渣焚烧装置的工艺流程示意图

1—回转窑焚烧炉；2—二次燃烧室；3—废热锅炉；4—水洗塔；5—风机

4. 焚烧处理的基本工艺条件

(1) 温度 固体废物的焚烧温度是指废物中有害物质在高温下氧化、分解直至破坏所需达到的温度，它比废物的着火温度高得多。温度越高燃烧时间越短，同时废物分解的越完全，其中不可燃废物产生微量毒性的机会就越少，但过高的焚烧温度不仅需要添加辅助燃料，而且会增加烟气中金属的挥发及氧化氮的数量，引起二次污染。合适的焚烧温度一般通过试验确定。

(2) 停留时间 包括燃烧室加热至起燃与燃尽的时间之和。该时间受进入燃烧室燃料的粒径与密度的制约，粒径越大，停留时间越长。而停留时间越长，分解越彻底，同时，不可燃废物生成微量毒性有机物的机会也就越少。

(3) 供氧量 一般情况下，供氧量大有利于加快燃烧速度，但若供氧量过大，由于过剩的空气在燃烧室内吸收过多的热量，造成炉温下降，反而对燃烧不利。

(4) 湍流度 指焚烧炉内温度处于均匀条件时，废物与空气中的氧相互结合的速度，当湍流度大或者混合程度均匀时，进入的空气顺畅，废物的燃烧分解就会比较完全。

(5) 固体粒度 固体粒度越小，焚烧时间越短，因此，将废物破碎至一定粒度，可以加快焚烧速度，提高焚烧效率。

5. 焚烧余热回收利用的方式

燃烧室排放的气体温度一般在 1100～1200℃，具有很大的热能再利用潜力。若能回收热能用于发电、供暖等，可节约燃料资源。

(1) 直接利用热能 将烟气的余热转换为蒸汽、热水或者热空气，借助于连接在焚烧炉之后的余热锅炉或者其他热交换器就可实现，这种形式热利用率高，投资少。

(2) 发电 焚烧产生的热能被中间介质（水）吸收后转变为具有一定压力和温度的过热蒸汽，过热蒸汽驱动汽轮发电机组，将热能转化为电能，即能远距离输送，提供量也基本不受用户的限制，但这种方式热能损失比较大，热能利用率低。

(3) 热电联供 如果将发电-区域性供热、发电-工业供热等结合起来，则焚烧厂的热能利用率会大大提高，一般为 50%，甚至可达到 70%。

6. 焚烧技术的特点

(1) 无害化 经焚烧处理后，废物中的细菌、病毒被彻底消灭，最终产物通常都是化学性质比较稳定的无害化废渣。

(2) 减量化 焚烧后，废物体积可减少 80%～90%，节约填埋场占地。

(3) 资源化 焚烧后可回收能源，其放出的热量可供生产、采暖或发电。

(4) 实用性 可全天候操作，不易受天气影响。

(5) 经济性 焚烧厂占地面积小，操作费用较低。

焚烧法可使废渣中的有机污染物完全氧化成无害物质，有机物的化学去除率可达 99.5%以上，因此，适宜处理有机物含量较高或热值较高的废渣。当废渣中的有机物含量较少时，可加入辅助燃料。此法的缺点是投资较大，运行管理费用较高。

(二) 热解法

1. 热解定义及特点

热解法是在无氧或缺氧的高温条件下，使废渣中的大分子有机物裂解为可燃的小分子燃料气体、油和固态碳等。热解法与焚烧法是两个完全不同的处理过程。焚烧过程放热，其热量可以回收利用，而热解则是吸热过程。焚烧的产物主要是水和二氧化碳，无利用价值；而热解产物主要为可燃的小分子化合物，如气态的氢、甲烷，液态的甲醇、丙酮、乙酸、乙醛

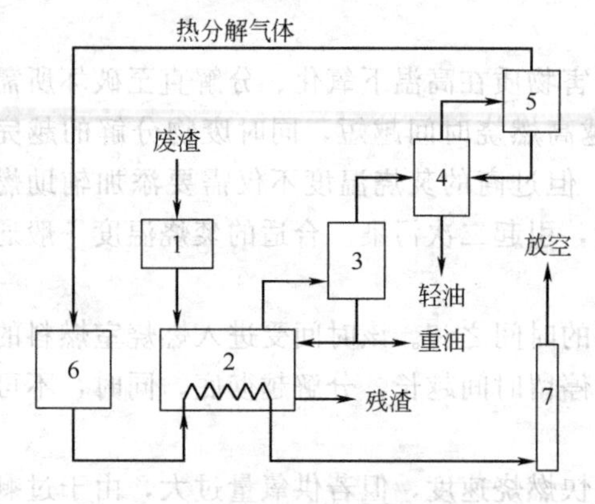

图 7-4 热解法工艺流程示意图

1—碾碎机；2—热解炉；3—重油分离塔；
4—轻油分离塔；5—气液分离器；
6—燃烧室；7—烟囱

等有机物以及焦油和溶剂油等，固态的焦炭或炭黑，这些产品可以回收利用。图 7-4 是热解法处理废渣的工艺流程示意图。

热解处理是一种有发展前景的固体废物处理方法，适用于包括城市垃圾、污泥、废塑料、废树脂、废橡胶等工业及农林废物在内的具有一定能量的有机固体废物的处理。

2. 热解过程及影响因素

(1) 热解过程 有机物的热解反应通常可用以下简式表示：

$$\text{有机物}\xrightarrow[\text{无氧或缺氧}]{\text{加热}}\text{可燃性气体}+\text{有机液体}+\text{固体残渣}$$

对不同成分的有机物，其热解过程的起始温度各不相同。例如，纤维素开始热解的温度为 180～200℃，而煤的热解温度可达 1000℃。

(2) 热解产物

① 可燃性气体。按产物中所含成分的数量多少排序为：H_2、CO、CH_4、C_2H_4 等。这种气体混合物是一种很好的燃料，一部分用于维持热解过程所需的热量，剩余的气体变为有使用价值的可燃气产品。

② 有机液体。有机液体是复杂的化学混合物，也是有使用价值的燃料。

③ 固体残渣。主要是炭黑。这种炭渣在制成煤球后也是一种好燃料，也可以作为道路路基材料、混凝土骨料、制砖材料。

(3) 影响因素

① 温度。热解温度与气体产量成正比，与液体和固体残渣产量成反比，因此可根据回收目标确定适宜的温度。

② 加热速度。气体产量随加热速度增加而增加，液体和固体残渣产量则相反。

③ 含水率。通常含水率越低，加热速度越快，越有利于得到较高产率的可燃性气体。

④ 物料的预处理情况。当物料颗粒较大时，容易减慢传热和传质速度，热解二次反应多，对产物成分有不利影响；当物料颗粒较小时，能够促进能量的传递，从而使热解反应进行得更加顺利。因此有必要对固体废物进行破碎处理，使粒度细小而均匀。

二、生物转化技术

热转化技术主要是在处理废物的同时获取其中的能源，而生物处理后固体废物本身成为一种宝贵的资源。生物转化技术是指依靠自然界广泛分布的微生物的作用，通过生物转化，将固体废物中易于生物降解的有机组分转化为腐殖肥料、沼气或其他物质，如饲料蛋白、乙醇或糖类等。目前，生物转化方式主要包括好氧堆肥技术和厌氧发酵技术。

(一) 堆肥技术

1. 堆肥的定义及分类

堆肥化是在人为控制条件下，利用自然界广泛分布的细菌、放线菌、真菌等微生物，促进可生物降解的有机物转化为稳定的腐殖质的生物化学过程。该技术的特点包括：①其原料是固体废物中可降解的有机成分；②是在人工控制条件下进行的；③产生的产物稳定，对环境无危害。

堆肥化的产物称为堆肥，是一种深褐色、质地疏松、有泥土气味的物质，类似于腐殖质土壤，故也称为“腐殖土”，是一种具有一定肥效的土壤改良剂和调节剂。

工业废物的堆肥是利用各种微生物的生命活动，将工业废物中的易腐有机物和污染成分降解，并转变成富含有机质和氮、磷、钾等营养元素和微量元素的有机质肥料的生物处理方法，它实现了废物的良性循环，是经济有效地处理工业废物的重要途径。

堆肥化的方式有多种分类方法，根据温度要求，可以分为中温堆肥和高温堆肥；按照堆肥过程的操作方式，可以分为静态堆肥和动态堆肥；按照堆肥的堆置情况，可以分为露天堆肥和机械密封堆肥。最常用的分类方法是根据生物处理过程中起作用的微生物对氧气要求的不同，把固体废物堆肥分为好氧堆肥和厌氧堆肥。根据有机物在厌氧堆肥过程中要求达到的分解程度不同，可将厌氧堆肥工艺分为两种类型，即产甲烷堆肥发酵和产酸（有机酸）堆肥发酵。

2. 堆肥原料

能作为堆肥的原料很多，如粮食加工废弃物、农林废弃生物质、化学工厂有机污泥、生活垃圾等，这些物质中大都含有堆肥微生物生命过程所需的水分、碳水化合物、无机盐以及微量元素等营养物质。但是，不同类型的废弃物由于组成不同，有的可以直接作为堆肥原料，有的必须经过预处理才能作为堆肥的原料，比如工业固体废物的堆肥，其产物大都可以还田再利用，但是某些具有毒性的有机物能在土壤中存在很长时间而不被微生物所降解，甚至毒性增强，这些成分存在于农田中会对土壤、农作物，甚至人类产生危害，因此在堆肥前必须对各种有毒工业废物的堆肥处理效果进行毒性检测。

（二）好氧堆肥技术

1. 好氧堆肥的原理

有机废物好氧堆肥过程的基本原理可用下式表示：

$$[C、H、O、N、S、P]+O_2 \rightarrow CO_2+NH_3+SO_4^{2-}+\text{简单有机物}+\text{微生物}+\text{热量}$$

好氧堆肥是在氧气充足的条件下，依靠好氧微生物的作用降解有机物。在堆肥过程中，有机废物中的可溶性物质透过微生物的细胞壁和细胞膜被微生物直接吸收，而不溶的胶体有机物质，则先被吸附在微生物体外，依靠微生物分泌的胞外酶分解为可溶性物质后再渗入细胞。微生物通过自身的生命活动，进行分解代谢（氧化还原过程）和合成代谢（生物合成过程），把吸收的部分有机物氧化成简单的无机物，并释放出微生物生长、活动所需的能量；同时，把另一部分有机物转化合成为新的细胞物质，使微生物生长繁殖，从而产生更多的生物体。该过程如图 7-5 所示。

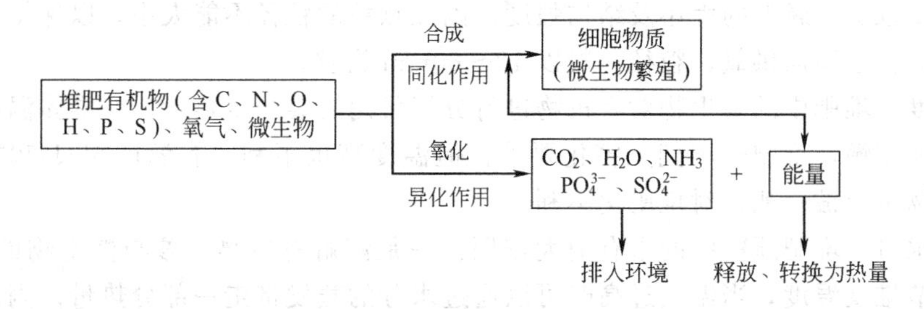

图 7-5　有机物好氧堆肥分解过程

2. 好氧堆肥过程

根据堆肥过程中堆体内温度的变化，大致可分为三个阶段：

(1) 中温阶段　在堆肥的初期，堆体基本处于 15～45℃ 的中温范围。细菌、真菌、放线菌等嗜温性微生物较为活跃，它们利用堆肥中的糖类、淀粉类等可溶性物质进行旺盛的生命活动，将一部分化学能转化为热能，使堆体温度不断上升。

（2）高温阶段 当堆温升至45℃以上时进入高温阶段，这时，嗜温性微生物受到抑制甚至死亡，嗜热性微生物成为主体，继续分解堆肥中残留的和新形成的可溶性有机物，同时，复杂的有机物如纤维素、蛋白质等开始迅速被分解。温度升到70℃以上时，大多数嗜热性微生物不适应，从而进入大量死亡和休眠状态。由于大多数微生物在45～80℃范围内最活跃，更容易分解有机物，因此堆肥生产的最佳温度一般定为55℃。而且，高温阶段堆肥中的大部分病原菌和寄生虫可被杀死。

（3）降温阶段 此阶段仅剩下难分解的有机物和新形成的腐殖质，微生物活性下降，发热量减少，温度开始下降，嗜温性微生物开始活跃，对残余的难分解有机物继续分解，腐殖质不断增多且达到稳定，堆肥化进入腐熟阶段。此时，需氧量大大减少，含水率降低，堆肥物孔隙增大，氧扩散增强，这时只需自然通风。

3. 好氧堆肥工艺

现代化的堆肥生产，通常由原料预处理、主发酵、二次发酵、后处理、贮存等工序组成，其工艺过程如图7-6所示。

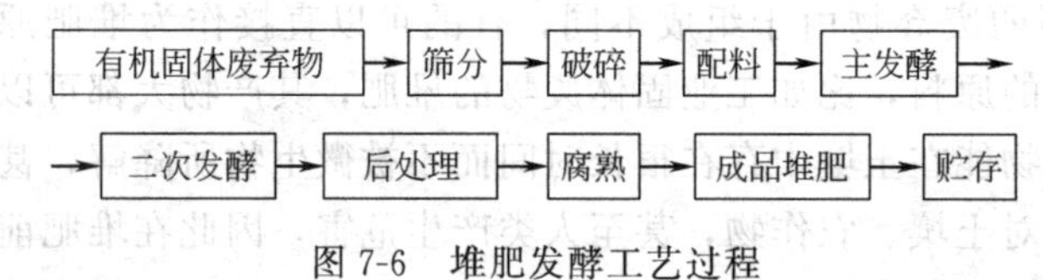

图7-6 堆肥发酵工艺过程

4. 影响好氧堆肥的因素

（1）有机物含量 当固体废物中有机物含量过低时，会造成堆肥微生物营养不良，代谢慢，无法维持高温发酵过程；当有机物含量过高时，微生物活动极为旺盛，耗氧量加大，必须加大供氧量。因此，适宜的有机物含量为20%～80%。

（2）C/N比 碳、氮是微生物生长最重要的营养，碳主要提供微生物活动的能量，氮是构成蛋白质、核酸、氨基酸等细胞生长所需物质的重要元素。C/N比过小，N将过剩，以氨气的形式释放，发出难闻的气味；而C/N比过大，将导致N不足，影响微生物的增长，使堆肥温度下降，有机物分解代谢的速度减慢。因此，适宜C/N比在（26～35）：1。

（3）O_2 堆肥原料中有机碳越多，需氧量越大，氧浓度低于5%会限制好氧微生物的生长，影响好氧环境，一般合适的氧浓度为18%。另外，通风提供氧的同时，带走了CO_2、热和水蒸气。

（4）颗粒度 堆肥化所需的氧气是通过堆肥原料颗粒之间的空隙供给的，而空隙率及空隙的大小主要取决于颗粒的大小及结构强度。因此颗粒的粒径不能太小，以保持一定的空隙率和透气性，便于通风供氧，粒径一般以12～60mm为宜。

（5）温度 堆肥中的微生物对有机物进行分解代谢时会产生热量，使堆体温度上升。温度过低反应速度慢，堆肥达不到无害化要求；但温度高也不利，若温度超过70℃，放线菌等有益微生物也会被杀死，对堆肥化不利。

（6）含水量 堆肥原料中的水有两大作用：一是溶解有机物，参与微生物的新陈代谢；二是可以调节堆肥温度，当温度过高时可以通过水分的蒸发带走一部分热量。因此，发酵过程应有适宜的水量，水量太少妨碍微生物的繁殖，使分解速度缓慢；但水分过多会导致原料紧缩或内部空隙被水充满，使空气量减少，造成供氧不足，变成厌氧状态，同时因过多的水分蒸发而带走大部分热量，使堆肥达不到很好的高温效果，抑制了高温菌的降解活性而影响堆肥效果。

（三）厌氧发酵技术

1. 厌氧发酵的定义

厌氧发酵，也称厌氧堆肥，是在无氧条件下，利用厌氧微生物的生物转化作用将废物中可生物降解的有机物分解为稳定的无毒无害物质，并同时获得沼气的方法，且发酵后的废渣又是一种优质肥料。

2. 厌氧发酵的过程

（1）液化阶段　将不溶性的大分子有机物（如纤维素、淀粉、蛋白质等）经水解酶的作用，在溶液中分解为水溶性的小分子有机物。

（2）产酸阶段　水解产物进入微生物细胞内，在胞内酶的作用下迅速转化为低分子化合物，其中以挥发性有机酸尤其是乙酸所占的比例最大，可达到80%左右，并同时有大量的H_2游离出来，因此也称为产氢产酸阶段。

（3）产甲烷阶段　由产甲烷菌完成，将上一阶段的产物降解成甲烷和CO_2，同时利用产酸阶段产生的氢将CO_2还原成甲烷。

3. 厌氧发酵的工艺过程

厌氧发酵的主要操作过程如图7-7所示。

在厌氧条件下，固体废物经过发酵后，除产生沼气外，其他有利于农作物生长的各种营养元素（如N、P、K）几乎无损失地留在了产沼残渣中，也称为沼气肥，其成本低、肥效好，能改良土壤，是优质的有机肥料。另外，沼渣中含有大量的菌体蛋白质，可以用来制成饲养禽畜的蛋白饲料，还可以用作养殖蚯蚓和食用菌的培养土。还有一些厂家从沼渣中提取维生素B_{12}及多种其他维生素药物，其经济意义不容忽视。

原料预处理 → 配料 → 接种 → 搅拌 → 沼气收集

图7-7　厌氧发酵工艺过程

4. 主要影响因素

（1）厌氧环境　厌氧堆肥最显著的特点是有机物在无氧条件下被微生物分解，而产酸菌、产甲烷菌都是厌氧菌，因此堆肥时必须创造厌氧的环境条件。

（2）温度　在一定温度范围内，温度越高，微生物活性越高，甲烷菌对温度变化比较敏感，要求温度要相对稳定，一天内温度变化范围应控制在±2℃。

（3）混合均匀程度　堆肥原料要充分混合，增加微生物与发酵菌的接触，加速反应，提高产气量。

（4）添加剂和有毒物质　在发酵液中添加少量的化学物质，有助于促进厌氧发酵，提高产气量和原料利用率，如添加磷酸钙能促进纤维素的分解，提高产气量。在发酵过程产生的物质中，有些物质能够抑制发酵微生物的活力，这些物质统称为有毒物质，如由于发酵不正常造成的有机酸积累，以及氨浓度过高等都会抑制发酵。

第三节　废渣综合利用实例

一、利用利福霉素SV钠盐药渣制取粗蛋白

利福霉素SV钠盐是利福平的医药中间体，正常情况下，每生产1t SV钠盐至少要产生16t药渣。此废渣为黄色黏稠糊状物，主要成分为残留的培养基、生产抗生素的菌丝体及残留抗生素等，发酵培养基主要由鱼粉、花生粉、豆饼粉、葡萄糖等组成，这些原料本身就是很好的蛋白饲料，菌丝体也是上等的微生物蛋白饲料。

由于该废渣为发酵废渣，抗生素的残留量一般为1.2～6.5mg/kg药渣，其不利方面是

残留抗生素在饲料中长期存在，会在动物体内积累，从而对人体健康产生不利影响；耐药性病原菌也会引发抗药性，从而给疾病的预防和治疗造成较大困难。其有利因素是抗生素作为一种饲料添加剂可起到保健、防病、促进生长的作用，从而使饲养成本大大降低。有文献报道，采用限时使用、交替使用、高温处理等方法，可防止耐药性病原菌的产生和体内抗生素残留。因而利福平药渣经加工后作为全价饲料的蛋白原料，而非直接使用是完全可行的。

蛋白质溶液是复杂的胶体系统，通常情况下固体分散物质的颗粒大小为1～100nm，在蛋白质颗粒表面分布着各种亲水基团，如—COOH、—NH_2、—OH，这些亲水基团与水分子的水合作用，使颗粒表面形成一层水膜，颗粒间被分隔开，水膜愈大，胶体越稳定，因而蛋白质水溶液是一种稳定的亲水胶体溶液。利福霉素 SV 钠盐具有蛋白质溶液亲水性质，同时由于粗纤维等其他杂质的存在，使其物质传递和热传递都较蛋白质溶液困难，以至于不能采用直接脱水干燥的工艺。实验研究发现，采用盐析法，废渣的机械脱水率高，脱水后废渣的可干燥性能好。图 7-8 为利福霉素 SV 钠盐药渣制取粗蛋白的工艺过程。

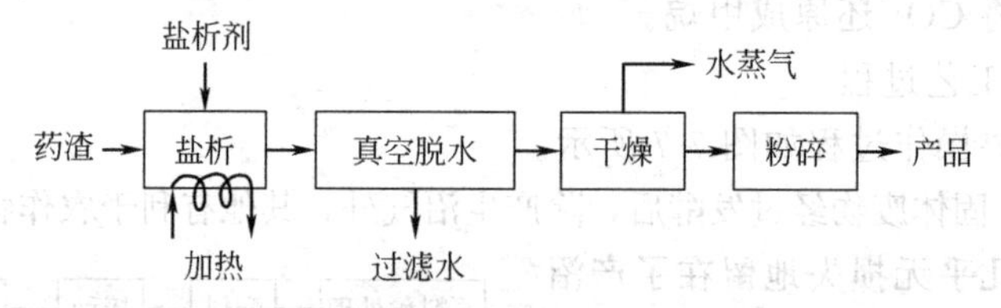

图 7-8　利福霉素 SV 钠盐药渣制取粗蛋白的工艺过程

（1）盐析原理　通常发酵液中细胞或菌体带有负电荷，由于静电引力的作用使溶液中带相反电荷（即正电荷）的粒子被吸引在其周围，在界面上形成了双电层，双电层的存在是胶粒能保持分散状态的主要原因。盐析法是在中性盐作用下，降低蛋白质胶体溶液的双电层排斥电位，使胶体体系不稳定，从而达到提高机械脱水率和脱水速率的凝聚方法。

（2）盐析剂的选择　选择适当的盐析剂可降低成本，盐析剂要根据药渣处理后的物理状态是否有利于机械脱水来选择；由实验结果可知，加入适量的盐析剂，均可使药渣机械脱水率显著提高，并使药渣的流动性、可干燥性明显变好。常用的为铁系、钙系盐析剂，采用钙系盐析剂比铁系盐析剂每吨干基产品减少药剂费用 300 元左右；选择钙系盐析剂时，为了避免氯的残留，应选择氢氧化钙；另外钙系盐析剂与微量的有机高分子絮凝剂的复合使用，还可提高机械脱水速率。因此，生产中多选用钙系盐析剂。

（3）脱水方式　真空抽滤脱水明显优于离心脱水。其原因是利福霉素 SV 钠盐药渣的密度与水的密度非常接近，所以离心脱水效果不佳，而真空抽滤时滤饼出现干裂现象，说明效果良好，故应选择真空抽滤作为利福霉素 SV 钠盐药渣的机械脱水方式。

二、废催化剂的回收利用

催化剂在使用一段时间后，催化性能降低或丧失，不能继续使用；为降低生产成本，须对催化剂进行再生或回收利用。

1. 废催化剂的常规回收方法

（1）干法　一般利用加热炉将废催化剂与还原剂及助溶剂一起加热熔融，使金属组分经还原熔融成金属或合金状回收，以作为合金或合金钢材料，而载体与助溶剂则变为炉渣排出。

（2）湿法　用酸、碱或其他溶剂溶解废催化剂的主要组分，滤液经除杂纯化后，分离可得难溶于水的盐类硫化物或氢氧化物，干燥后按需要再进一步加工成最终产品。

2. 含镍废催化剂的回收利用

镍系催化剂广泛地应用于各种化学反应，因镍系催化剂有较高的回收价值，故此类催化剂属回收历史较为悠久的一种催化剂。传统镍的回收基本上是以酸浸处理为主，由于镍催化剂大多含有双金属甚至是多金属组分，所以可以利用在不同 pH 下金属盐的水解沉淀作用达到除杂的目的。

山梨醇生产厂废弃的镍铝催化剂组成见表 7-3。废催化剂先漂洗除去吸附的糖类、有机物和积炭，再将大颗粒废催化剂粉碎成均匀的小颗粒，然后焙烧使废催化剂外表附着的糖类有机物质和积炭完全碳化脱离催化剂表面，最后用 35%NaOH 于 60～80℃除铝。反应式如下：

$$2Al+2NaOH+2H_2O \longrightarrow 2NaAlO_2+3H_2\uparrow$$

表 7-3　山梨醇生产厂废弃的镍铝催化剂组成

元　素	Ni	Cu	Fe	Al
含量/%	35～40	0.001	0.001	25～30

由于镍对碱相对稳定不起反应，镍留在残留物中，用水洗涤并倾去白色絮状物，洗至 pH 至中性就可得到金属镍粉；然后按重量 1∶1 的比例加入浓硫酸反应 1h，再加适量水，反应结束后滤去不溶杂质，滤液经浓缩结晶得成品硫酸镍。若将硫酸镍晶体经重新溶解后，可用氢氧化钠调 pH 至 9～10 时，浓缩结晶可得氢氧化镍晶体。若将氢氧化镍溶于盐酸中可制得氯化镍，溶于乙酸中可制得乙酸镍，溶于甲酸中可制得甲酸镍。其工艺过程如图 7-9 所示。

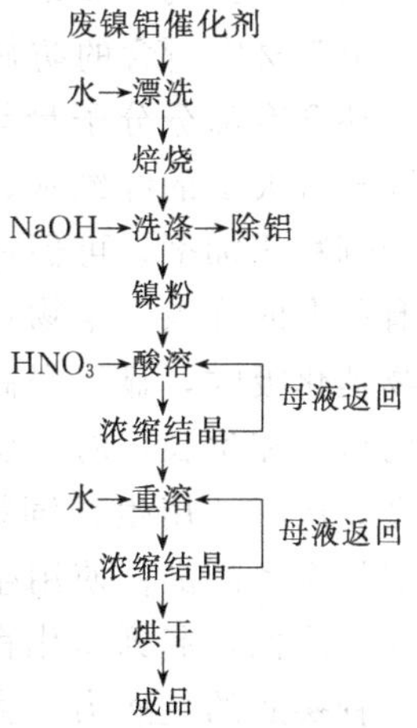

废镍铝催化剂
水→漂洗
焙烧
NaOH→洗涤→除铝
镍粉
HNO_3→酸溶
浓缩结晶
母液返回
水→重溶
浓缩结晶
母液返回
烘干
成品

图 7-9　废镍铝催化剂回收工艺过程

3. 活性炭载钯催化剂的回收利用

活性炭载钯催化剂被广泛应用于医药和化学工业中，例如在合成氟哌啶、噻吗心安中均以活性炭载钯为催化剂。造成活性炭载钯催化剂失活的主要原因包括：含硫化合物如甲基硫、噻吩等有毒物质，工艺设备、水、管道腐蚀带入的重金属如铜、镍、铁等致害物质，钯表面被有机物覆盖，因过热和老化使钯晶粒长大等。

钱晓春对表 7-4 所示的废活性炭载钯催化剂进行了回收实验。按图 7-10 所示工艺过程，用王水浸出法进行了回收，钯的收率可达 85%，回收钯的纯度可达 99%，工艺简单，成本低。

表 7-4　废活性炭载钯催化剂组成

组分	Pd	C	Fe	Cu Ni Zn Mn
组成/%	5～6	93～94	1～2	0.1～0.2,微量

焙烧后的钯渣 Pd≥80%，Fe≥1%，其他如 Cu 等杂质约 5%。王水溶解条件为：浓盐酸质量为钯渣质量的 9 倍，浓硝酸的质量为钯渣质量的 3 倍，温度为 70～80℃，反应 2h，主要反应式为：

$$Pd+HNO_3+3HCl \longrightarrow PdCl_2+NOCl+2H_2O$$

$$2Fe+3HNO_3+9HCl \longrightarrow 2FeCl_3+3NOCl+6H_2O$$

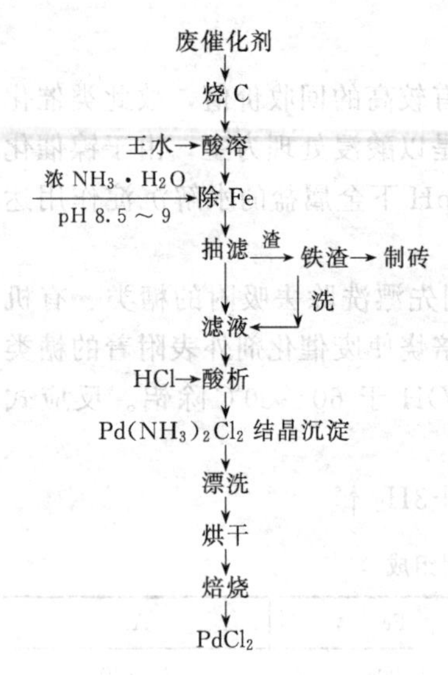

图 7-10 王水浸出法工艺过程

由于Fe^{3+}与氨不能形成络离子，而在碱性条件下亚钯盐和Cu^{2+}、Zn^{2+}、Ni^{2+}皆能形成相应的可溶性络离子，故可将Fe^{3+}以$Fe(OH)_3$从溶液中除去，为了加速$Fe(OH)_3$的沉淀，氨水需过量，温度控制在70～75℃。$Fe(OH)_3$为凝聚剂沉淀的同时，也具有吸附作用，从而将溶液中的$Cr(OH)_3$、$Sn(OH)_2$等杂质共沉除去。通常用硫氰化钾检查Fe^{3+}的存在。

由于亚钯盐的可溶性氨络合物$[Pd(NH_3)_2]^{2+}$遇盐酸会生成黄色$Pd(NH_3)_2Cl_2$结晶沉淀出来，而铜、锌、镍等其他离子的盐酸盐则不会沉淀，由此得以除杂，其反应式为：

$$Pd(NH_3)_4Cl_2 + 2HCl \longrightarrow Pd(NH_3)_2Cl_2 \downarrow + 2NH_4Cl$$

酸析条件为：6molNH_4Cl加到pH为1～2为止，黄色沉淀物用去离子水洗3次，将Pd $(NH_3)_2Cl_2$黄色晶状沉淀物于550℃焙烧脱氨，即可得粉末状$PdCl_2$。

三、中药药渣处理和综合利用

中药材中所含的防病治病有效成分包括小分子活性物质，如生物碱、苷类、挥发油等，还含有部分分子量较大的成分，如活性蛋白、肽类、多糖等。经过提取后的中药渣中除含有大量的纤维素、木质素外，仍残留有相当多的有效成分。将中药提取后的药渣作为饲料添加剂，可促进动物生长，若经过微生物发酵成为生物饲料，与普通饲料相比会有很多的优点。生物饲料中有益微生物产生的蛋白酶、脂肪酶和纤维素酶，可以帮助动物消化吸收，显著提高饲料的利用率，节约开支；多种有益菌在胃肠道中可防止有害菌的繁殖和生长，防止腹泻；不含任何抗生素，无任何药物和有害物质，可用于生产绿色畜禽产品；用生物饲料饲养的动物畜产品（肉、蛋、奶），味道鲜美，胆固醇含量低，是保健型畜产品；使用生物饲料喂养动物，可使畜禽圈舍的氨气、硫化氢及粪臭素的含量明显降低，起到净化畜舍环境的目的；生物饲料可以刺激动物的免疫功能，增强动物对多种疾病的抗病力，大幅度降低发病率和死亡率；发酵过程中产生的多种有机酸，可以抑制、杀灭有害菌，防霉保质，延长饲料贮存期；发酵产生的多种不饱和脂肪酸或芳香酸，具有特别的芳香味，改善饲料的适口性，刺激家畜的食欲，促进矿物质和维生素的吸收，提高饲料的消化率。

下面通过对百草咳克水提残渣进行固态发酵生产生物饲料添加剂的过程，来阐述中药药渣的处理和综合利用过程。

百草咳克是由甘草、麻黄、黄芪、黄芩等原料采用水提工艺制成的复方制剂，具有宣肺止咳、调节免疫、清热解毒、抗菌抗病毒等功效。水提之后的固态残渣除含有大量的纤维素、木质素外，还含有许多药效成分如麻黄碱、甘草酸、黄芪苷等。

对百草咳克水提残渣进行固态发酵，生产生物饲料添加剂，不仅减少了对环境的污染，而且使药渣中残留的药效成分被再次利用，使日益紧缺的中药材资源得到更充分合理的利用，提高了产品的附加值，同时为采用相

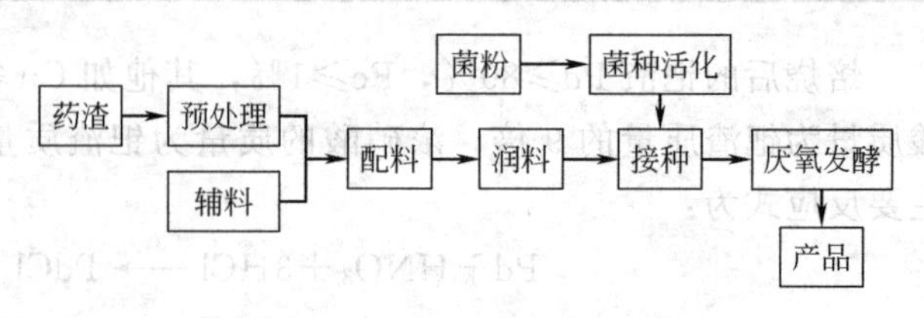

图 7-11 固态发酵工艺过程

似工艺进行生产的其他中药药渣的综合利用进行了有益的探索。

固态发酵工艺过程如图 7-11 所示。取一定量的药渣干燥粉碎至 20 目，根据原料含水量计算出需要添加的水量，使发酵后药渣含水量在 70%左右。将辅料（玉米、尿素、氯化钠、蔗糖）用适量水溶解，将菌粉用适量的蔗糖水于 30℃活化 2h。用氧化钙调节药渣 pH 至 7.0，然后将活化好的菌种及辅料倒入药渣中，补足剩余的水分，充分搅拌，分层装入 200ml 磨口瓶中压实，以氯化钠封口，形成高渗环境，塞紧瓶塞，30℃下进行发酵。

由百草咳克水提残渣固态厌氧发酵得出如下结论。

① 根据菌种配比对中药残渣发酵效果的影响，确定出厌氧菌与好氧菌的混配比例为 3∶1，其中厌氧菌、好氧菌的各个菌种均等比例混合。

② 对比单菌发酵与混菌发酵的效果，表明混菌发酵效果优于单菌发酵，各项相应发酵参数说明混菌发酵剂中各菌株之间具有良好的协同作用。

③ 发酵后的产品粗纤维含量相对降低 9.4%，产生的总有机酸含量为 1.36%，乳酸含量为 0.79%，乙酸、丙酸、丁酸含量分别为 0.11%、0.086%、0.25%，其中乳酸含量达到有机酸总量的 58.1%，pH 由原来的 7.0 降低到 3.7。

④ 发酵后的中药残渣由于粗纤维含量降低，粗蛋白含量提高，并产生适量的有机酸，营养成分得以增加，适口性增强。

四、柠檬酸废渣石膏生产建筑石膏

每生产 1t 柠檬酸，约产生 2.4t 废渣石膏，其主要成分为二水硫酸钙，含量可达 98%（质量分数）左右。由于在柠檬酸废渣石膏中，残留少量的柠檬酸和菌体，因此，除少量用于铺路、水泥外，绝大部分被堆积，造成环境污染。

柠檬酸厂的废渣石膏，含水率为 40%～50%，pH 为 5.2～6.1，颜色呈灰白色。它是由淀粉经发酵产生的发酵液，经碳酸钙中和，再加入硫酸酸解，提取柠檬酸后得到的废渣。化学反应式为：

$$2C_6H_8O_7 \cdot H_2O + 3CaCO_3 \longrightarrow Ca_3(C_6H_5O_7)_2 + 3CO_2\uparrow + 5H_2O$$

$$Ca_3(C_6H_5O_7)_2 + 3H_2SO_4 \longrightarrow 2C_6H_8O_7 + 3CaSO_4\downarrow + 2H_2O$$

由此可看出，废渣的主要成分为二水硫酸钙，且废渣石膏纯度很高，只要经过一定的工艺处理，即可制取高质量的石膏粉。图 7-12 为柠檬酸废渣石膏生产石膏粉流程图，废渣石膏作为原料，进入带式干燥机脱水后，经成型、蒸压、再脱水后，进行多级粉碎和粉磨，制得石膏粉。经实验研究，凡是能使用天然石膏粉的地方，都能使用柠檬酸废渣石膏粉，且其性能指标高出天然石膏粉。

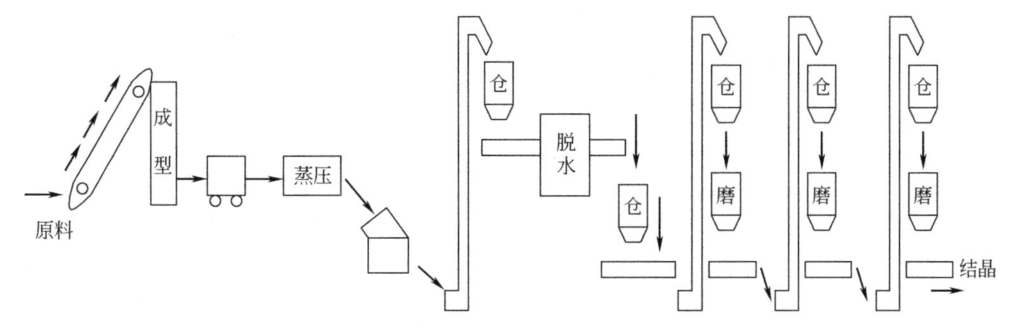

图 7-12　柠檬酸废渣石膏生产石膏粉流程图

实例解析

实例：加氢还原技术在制药工业中应用非常广泛，而加氢反应的关键是催化剂，钯炭催化剂是催化加氢中常用的催化剂之一，它具有加氢转化率高、选择性强、性能稳定等特点，虽然钯炭催化剂的制备较为容易，但金属钯价格较贵，不易获得，市场上销售的钯炭催化剂价格也很高，因此钯炭催化剂的回收利用便具有一定的意义。

解析：可以采用钯炭催化剂的回收方法。该方法包括活性炭的处理、废旧催化剂的灼烧、钯的溶解、新催化剂的制备等步骤。回收得到的钯炭催化剂具有与新催化剂同样的效果。

思考题

1. 药厂废渣可以再利用的途径有哪些？
2. 好氧堆肥技术与厌氧发酵技术的异同点是什么？
3. 影响好氧堆肥的因素有哪些？
4. 请分析总结废渣综合利用一节中各实例所遵循的循环经济基本原则。

第八章　能源的回收与利用

【学习目标】

① 了解能源的定义、来源、分类和利用情况；

② 熟悉能源利用检测体系；

③ 掌握能源利用的评价方法；掌握制药过程中典型的能源利用工艺；

④ 通过实例分析，学会利用能源回收常用工艺技术对生产过程的能源利用情况进行综合分析比较。

第一节　能源的利用

一、能源的定义、来源与分类

能源是指可以为人类利用以获取有用能量的各种资源，包括开采出来可供使用的自然资源，经过加工或转换得到能量的资源。在人类的生产和生活中，能源是提供各种能力和动力（如电能、热能、机械能、光能等）的物质资源，是支撑国民经济发展和保障人民生活的重要物质基础。能源资源包括煤炭、石油、天然气、核能、太阳能、生物质能等。能源开发和有效利用程度以及人均消费量是衡量一个国家生产技术和生活水平的重要标志。

能源的分类方法很多，一般有下列几种。

1. 按来源分类

(1) 来自地球以外的太阳能　主要有太阳辐射能以及与太阳能有关的煤、石油、天然气、生物质能、风能、海洋能、雷电等。

(2) 地球自身蕴藏的能源　主要是地球自身蕴藏的大量能源，如地热能、原子能燃料（核裂变燃料铀、钍等和核聚变燃料氘、氚等）、地震能、火山喷发能、温泉等。

(3) 地球与其他天体引力相互作用而形成的能源　主要是地球与月球间引力作用而产生的能源，如潮汐能等。

2. 按生产方式分类

(1) 一次能源　是指自然界中以自然形态存在的、可以利用的能源，主要有煤炭、石油、天然气、太阳能、风能、地热能、核能等，其中有些可以直接利用，但通常需要经过适当加工转换后才能利用。

(2) 二次能源　由一次能源加工转换后的能源称为二次能源，其中主要是热能、机械能和电能。

3. 按可再生性分类

(1) 可再生能源　凡是可以不断得到补充或能在较短周期内再产生的能源称为再生能源，如风能、水能、海洋能、潮汐能、太阳能和生物质能等均属可再生能源。

(2) 非再生能源　是指经过几亿年形成的、短期内无法补充的能源，如煤炭、石油、天然气等，其特点是随着不断的开发和使用，储量越来越少，最终将会枯竭。

地热能一般归在非再生能源，但从地球内部巨大的蕴藏量来看，又具有再生的性质。核能技术的发展将使核燃料可循环而具有增殖的性质，核聚变的能量比核裂变的能量高出5～

10倍，核聚变最合适的燃料重氢（氘）又大量地存在于海水中，可谓“取之不尽，用之不竭”。核能是未来能源系统的支柱之一。

4. 按使用广泛性分类

（1）常规能源　指在当前的科学技术水平之下，已经被人类在相当长的历史时期中广泛使用的能源，如煤炭、天然气、水力、电力等。其特点是被人们所熟悉，应用范围广泛，已成为现代社会的主要能源。

（2）新能源　是相对于常规能源而言的，泛指太阳能、风能、地热能、海洋能、潮汐能和生物质能等。由于新能源的能量密度较小，或品位较低，或有间歇性，按已有的技术条件转换利用的经济性尚差，还处于研究、发展阶段，只能因地制宜地开发和利用，但新能源大多数是再生能源，资源丰富，分布广阔，是未来的主要能源之一。

除了上述太阳能、风能等以外，还有两类特殊的新能源：一类是通过焚烧可以产生热能以供热或发电等的垃圾或废弃物；另一类是各种节能系统，如热电联产系统、燃料电池系统、热泵系统等。

5. 按流通性分类

（1）商品能源　指经过商品流通环节的能源，目前主要有煤炭、石油、天然气、水电和核电五种。

（2）非商品能源　指就地利用的薪柴、农业废弃物等能源，通常是可再生的。

6. 按反应性分类

（1）燃料能源　主要有矿物燃料（煤炭、石油、天然气等）、生物燃料（木材、水生植物、工业有机废弃物、动物粪便等）、核燃料（铀、钍、氘、氚）等。

（2）非燃料能源　其特点是多数具有机械能，有的具有热能，有的具有光能，有的具有位能。

7. 按清洁性分类

（1）清洁能源　指在能量转换过程中对环境无污染或者污染小的能源，如太阳能、水能、氢能等。

（2）非清洁能源　指在能量转换过程中会产生一些有害物质，对周围环境造成污染，如煤炭、重油等。

二、能源的利用

1. 制药企业能耗特点

制药企业在生产过程中，需消耗大量的蒸汽用于物料灭菌、消毒和加热，需要大量的无菌压缩空气供生物发酵耗氧，需要大量的低温冷水用于吸收生物呼吸放热。在实施“热、动、冷”联产以前，上述蒸汽、压缩空气、冷水由“热、动、冷”单供方式生产，即蒸汽由工业锅炉消耗原煤转换获得，压缩空气由机械式空压机耗电能转换获得，低温冷水由压缩式制冷机耗电能转换获得，其能耗具有如下特点。

（1）能源转换体系综合能耗高、能源利用率低　蒸汽转换体系综合能耗占企业总能耗的52%，能源利用率为66%；空气转换体系综合能耗占24%，能源利用率为23%；冷水转换体系综合能耗占10%，能源利用率为24%。

（2）二次能源电力消耗大、电费高　由于空气、冷水两大转换体系均由电力直接转换，其电力消耗占企业总电耗的70%，而且，由于电价不断上涨，电费在企业能源费用中所占比例已经超过80%。

（3）热负荷呈不均衡状况　由于制药生产特点，热负荷早峰、晚谷明显，不均衡程度超过20%。

通过对上述能耗特点分析发现，制药企业“热、动、冷”单供是造成能耗大、费用高的主要原因，只有通过热能的梯级利用来制取压缩空气和冷水，从而大幅度地节省动力用电，提高企业的能源利用率和经济效益。

2. 电力资源利用

电能可以转换成机械能、热能、化学能、光能等多种形式。一家药厂一年内消耗的电能，大约有70%通过电动机转换为机械能而消耗掉了，约有16%的电能通过电热设备转换为热能，约有8%以上的电能通过各类电光源转换为光能，约有6%的电能被电化学设备转换为化学能。可见，电动机（包括被拖动的生产机械）和电热设备是电能的主要使用者。

但是，从近几年的用电情况分析，电能的有效利用程度普遍较低。例如相当部分热处理电炉设备落后、热效率低、电耗高，比国外的热处理耗电高出2倍以上，因此节电的潜力很大。目前我国药品生产过程中电能利用存在的问题主要有以下几点。

(1) 设备性能差 目前药品生产中使用的大量机电设备，有许多尚属陈旧落后设备，其性能很差，与国外同类产品相比，中小型电动机的效率低1.5%～4%，中小型变压器的损耗高70%～90%，水泵效率低5%～10%，风机效率低10%～15%，电阻炉的热效率低15%～20%；而且由于长期使用，又未能得到及时改造和更新，其性能更差。

(2) 生产工艺落后 我国相当一部分产品的生产工艺水平较低，致使生产周期长、产品质量差，其生产过程电能利用率低、单位损耗高。

此外，不少单位尚缺少一整套相应的用电效果考评分析制度，有的根本就没有建立起用电合理化的评价标准，缺乏严格的管理制度。

3. 煤、石油和天然气资源的利用

蒸汽是现代制药企业生产中重要的热源和动力源。蒸汽作为主要的热能传递介质，在药品生产工艺中提取、浓缩、溶解、干燥、灭菌、消毒、加热加湿等工序均大量使用蒸汽，应用十分广泛。制药企业不仅工艺生产需要供热，空调设备也需要供热，空调系统是保证洁净区室内空气洁净度的前提条件之一，按照《药品生产质量管理规范》(GMP)规定，洁净室(区)的温度和相对湿度应与药品生产工艺要求相适应，无特殊要求时，温度应控制在18～26℃，相对湿度控制在45%～65%。空调系统不仅冬季需要供暖，空调机组在夏季还要降温冷却去湿，以保证洁净区内温、湿度要求。因此，在制药生产过程中要消耗大量的燃料，以提供低压蒸汽。

蒸汽锅炉是提供蒸汽的主要设备，有关锅炉燃料的具体选择，需要考虑锅炉使用涉及的技术经济指标和对锅炉排放的环保政策要求，目前蒸汽锅炉主要以煤炭、石油、天然气作为燃料。

燃煤锅炉初投资和全年运行费用是最低的，燃油锅炉次之。燃煤锅炉对大气的污染和能源的浪费是惊人的，许多大中城市经济开发区均已明确禁止新上燃煤锅炉，而采用燃气、燃油、电锅炉或热电联产集中供热。燃油或燃气锅炉与之相比，费用均稍高些，但燃煤锅炉和燃油锅炉都存在环境污染问题。与燃气锅炉相比，燃油锅炉 SO_x 和 NO_x 排放量却远远高于燃气锅炉，其排放的有害 NO_x、SO_x 气体是造成“光化学烟雾”和“酸雨”的直接原因。而天然气燃烧热效率高，是最清洁的燃料，排放污染最少；燃气锅炉具有占地面积少、排放污染少的优点，其社会效益是无法比拟的。

燃气锅炉供热方式同样适用于大中型制药厂，这些药厂大多建设在城市的经济开发区，环保政策限制了燃煤锅炉的使用，而城市集中供热又未覆盖到这些区域。另外，有些药厂因离城市较偏远，环保要求低，在选择供热热源时可以选择燃煤锅炉。

第二节 能源利用的评价

一、能源利用检测体系

能源的有效利用是能源利用中最重要的问题。通常能源的有效利用是指消耗同样的能源，获得较多的效益；或者获得同样的效益，消耗较少的能源。对能量利用的分析评价常常包括两方面，即对能量利用过程进行分析评价和对能源消耗效果的分析评价。对于前者，从热力学角度分析，有能量平衡法、㶲分析法、熵分析法和能级分析法等；对于后者，有全能耗分析法、净能量分析法、价值分析法和能量审计法等。

二、能源利用评价

1. 能量平衡法

由于热能是能量利用的主要形式，因此在考察系统的能量平衡时，通常将其他各种形式的能量（如电能、机械能、辐射能等）都折算成等价热能，并以热能为基础来进行能量平衡的计算。因此，对能量的转换、传递和终端利用中的任一环节或整体进行热平衡分析是最常用的分析方法。

能量平衡法（又称热平衡分析法）是依据热力学第一定律，对某一能量利用装置（或系统），考察其输入能量和输出能量数量上的平衡关系。其目的是对考察对象的用能完善程度做出评价，对能量损失程度和原因做出判断，对节能的潜力及影响因素做出估计。这种方法简单实用，是多年来企业普遍采用的方法。

（1）能量平衡　能量平衡法是按照能量守恒法则，在指定时期内，对能量利用系统输入能量和输出能量在数量上的平衡关系进行考察，以定量分析用能的情况，为提高能量利用水平提供依据，即采用所谓“黑箱方法”。所谓“黑箱”，是指具有某种功能而不知其内部构造和机理的事物或系统。“黑箱方法”则是将外部观测、试验的结果，通过输入和输出信息来研究黑箱的功能和特性，以探索其构造和机理的一种科学研究方法。它强调的是外部观测和整体功能，而不注重内部构造与局部细节。

能量平衡既包括一次能源和二次能源所提供的能量，也包括工质和物料所携带的能量，以及在工艺过程、发电、动力、照明、物质输送等能源转换和传输过程的各项能量的输入和输出。能量平衡的理论依据是众所周知的能量守恒和转换定律，即对一个有明确边界的系统，则有：

输入能量＝输出能量＋体系内能量的变化

对正常的连续生产过程，可以视其为稳定状态，此时系统内的能量将不发生变化，于是有：

输入能量＝输出能量

由此可见，能量平衡主要是通过考察进出系统的能量状态与数量，来分析该系统能量利用的程度和存在的问题，而不细致考察系统内部的变化，因此它是一种典型的“黑箱方法”。具体做法如下：

① 确定热平衡分析的范围；

② 根据热力学第一定律，对所选定范围进行热平衡测试，热平衡测试时不能有漏计、重计和错计等；

③ 热平衡测试结果用表格或热流图反映，以便于分析，分析的重点是各种损失能量的

去向、比重，以便采取措施，减小损失。

(2) 设备能量平衡和企业能量平衡　能量平衡具体应用在设备和装置时，称为设备能量平衡；应用在车间、企业时则称为企业能量平衡。设备能量平衡着眼于设备单元的能量输入、输出分析；企业能量平衡则以车间、企业为基本单位，着眼于车间、企业的整体能量利用的综合平衡分析。企业能量平衡所涉及的范围、采用的方法、包含的内容都远远超过了设备能量平衡，但设备能量平衡却是企业能量平衡的基础。有时为了考察企业中某一类能源形式的输入、输出关系，还可以有所谓蒸汽平衡、油平衡、电平衡等。

企业能量平衡是提高企业能源管理水平，推动企业节能技术改造的一项基础性技术工作。企业能量平衡的技术指标包括单位能耗、单位综合能耗、设备效率和企业能量利用率等。

(3) 企业能量平衡表　企业能量平衡测试的结果常绘制成企业能量平衡表。通过能量平衡表可以获得企业的用能水平、耗能情况、节能潜力等诸多信息。企业能源平衡表有多种形式，主要有按车间计的企业能源平衡表（见表 8-1）、按不同能源计的企业能源平衡表（见表 8-2)。为了便于能源管理，通常要求能量平衡表既能反映企业的总体用能、系统用能和过程用能，又能反映企业的能耗情况、用能水平。此外，能量平衡表还要求尽可能简单、清晰、明确，为此一般可按能源种类、能源流向、用能环节、终端使用情况等来设计表格。

表 8-1　按车间计的企业能源平衡表

车间名称	供入生产系统能量		能量分配/(标准煤/t)												有效利用能量/(标准煤/t)
	按等价值/(标准煤/t)	按当量值/(标准煤/t)	主要生产系统			辅助生产系统			附属生产系统			其他			
			供入能量	有效能量	损失	供入能量	有效能量	损失	供入能量	有效能量	损失	供入能量	有效能量	损失	
(1)	(2)	(3)	(4)	(5)	(6)	(7)	(8)	(9)	(10)	(11)	(12)	(13)	(14)	(15)	(16)
一车间															
二车间															
三车间															
…															
…															
合计															
企业能源利用率/%：															

通过企业能量平衡表可以获得如下信息：企业耗能情况，如能源消耗构成、数量、分布与流向；企业用能水平，如能源利用与损失情况、主要设备和耗能产品的效率等；企业节能潜力，如可回收的余热、余压、余能的种类、数量、参数等；企业节能方向，如主要耗能设备环节和工艺的改进方向，余热、余能的利用途径等。

2. 㶲分析法

热力学第一定律揭示了不同形式的能量在数量上的守恒性，但没有揭示不同形式的能量在质量上的差异。比如一桶水，所含热量不少，但不足以煮熟一个鸡蛋，而一勺沸水可以烫伤人。也就是说，热量一样多，但如果温度不同，其产生的效果也不同。因此，能量有品质上的不同。

表 8-2 按不同能源计的企业能源平衡表

项目		购入储存			加工转换				输送分配	最终使用						
		实物量	等价值	当量值	发电站	制冷站	其他	小记		主要生产	辅助生产	采暖空调	照明	运输	其他	合计
能源名称		(1)	(2)	(3)	(4)	(5)	(6)	(7)	(8)	(9)	(10)	(11)	(12)	(13)	(14)	(15)
供入能量	蒸汽															
	电力															
	柴油															
	汽油															
	煤															
	冷媒水															
	热水															
	合计															
有效能量	蒸汽															
	电力															
	柴油															
	汽油															
	煤															
	冷媒水															
	热水															
	合计															
回收利用																
损失能量																
合计																
能量利用率																
企业能量利用率/%：																

能量“品质”的属性遵循热力学第二定律，其实质就是能量贬值原理，即能量转换过程总是朝着能量贬值的方向进行，高品质能量可以全部地转换为低品质能量，反之则不然，能量在转换过程中，尽管“量”没有发生变化，但能量的“品质”（一般以做功能力来衡量）下降了，如机械能可以全部转换为热能，但热能不可能全部转换为机械能，再如机械能在转换为电能过程中，实际上总有一小部分机械能要转换为热能，使总的能量品质下降。另外，能量传递过程也总是自发地朝着能量品质下降的方向进行，如热量总是自发地从高温物体传向低温物体，水总是自发地从高处流向低处，电流总是自发地从高电势流向低电势，气体总是自发地从高压膨胀至低压等，它们进行的方向都是朝着消除势差的方向，即朝着能量贬值的方向进行。

量的守恒性和质的差异性是能量在转换时所具有的两重性。根据能量贬值原理，从转换的角度看，可以将能量分为“㶲”和“𬌗”两部分。㶲指某种能量在一定环境条件下，通过一系列可逆变化过程，最终达到与环境平衡时所能做出最大功的那部分能量。也就是说，㶲是能量中的可用能部分，用 E_x 表示，而不可用能部分称为“𬌗”，用 A_n 表示。能量中的㶲越大，表明该能量的品质越高，㶲揭示了能量的“品质”，对于能量的有效利用是非常重要的。

电能、机械能、位能（水力等）、动能（风力等）、燃料储存的化学能等可无限转换的能量，不受热力学第二定律的约束，理论上可以百分之百转换为其他形态的能量，即 $E=E_x$，常称为高级能量；热能、流动体系的焓等不规则能量，即使通过可逆转换过程，但由于受环境限制，只能部分地转换为功，即，$E=E_x+A_n$，常称为中级能量；处于环境条件下介质的内能、焓等低级能，受环境的限制，无法转换为功，它们是只有数量而无质量的能量，即 $E=A_x$，常称为低级能量。通常将能量中㶲所占的比例称为能级 λ。

高级能量的能级　$\lambda=E_x/E=1$

中级能量的能级　$\lambda=E_x/E$（$0<\lambda<1$）

低级能量的能级　$\lambda=E_x/E=0$

一切不可逆的实际过程都将导致能量的贬值，即㶲的总量有所减少，所减少的㶲退化为"炁"，而"炁"是无法自发转换为㶲的。因此，炁损失才是真正意味着能量转换中的损失。

3. 总能系统分析

(1) 总能和总能系统　目前，在能量利用中存在的问题主要有两种情况：一是要消耗大量燃料去提供低品质的热能；二是工艺过程中放出很多低品位的热能未利用而被废弃掉。

总能和总能系统是 20 世纪初提出的，其原意是指同时利用能源的数量和质量。生产和生活通常需要两类热能：一类是高品质热能（如高温、高压蒸汽或燃气），主要用于发电、动力；另一类是低品质热能（如温度、压力稍高于环境的热水、蒸汽或空气），主要用于采暖、干燥、蒸煮、炊事、沐浴等。

因此，总能系统的指导思想是先做功后用热，即燃料的能量先通过汽轮机、燃气轮机或内燃机做功或发电，然后把低品质热量作为热源加以利用；对于工艺过程放出的热量，也应先做功后再作热源使用。

(2) 按质用能　热能在品质上是有差别的，要合理利用和节约热能，就必须根据用户需要，按质提供热能。其基本原则就是"热尽其用"——热能供需不仅数量上相等，而且质量上匹配。

在实际使用热能的过程中，常有许多不按质用热而造成热能浪费的现象。在企业中常常可以看到把高参数（品质）的蒸汽经过节流过程降为低参数（品质）的蒸汽来使用，此时效能的数量基本上没有减少，但㶲损失却很大。例如低压锅炉生产的饱和蒸汽压力一般为 1.3MPa，其㶲值约为 1005kJ/kg，若将它经过节流过程降压到生产所需的 0.3MPa 的蒸汽来使用，就会使㶲损失 171kJ/kg，这是很不合算的。再例如，利用燃料燃烧直接对房屋供暖也是很不合理的热能利用方式，因为它没有把温度高达 1000℃的高温热源的㶲值加以利用，而是把优质热能用在低质热能完全可以满足要求的采暖上，浪费了优质热能。反之，如果首先将高温热源的㶲通过热机将其转变为机械能，然后再利用此机械能通过热泵系统去提供采暖所需的热量，则从理论上讲，1kJ 的燃烧热㶲可以提供 12kJ 采暖所需的低温热量，由此可见按质使用热能的重要意义。

第三节　能源回收常用技术

一、热能回收技术

热能是国民经济和人民生活中应用最广泛的能量形式，因此，节约热能有特别重要的意义。

1. 热能的应用

从热能在制药企业生产过程中的使用目的来看，热能主要用于以下三个方面。

(1) 发电和拖动　将蒸汽的热能转变为电能，用作各种电气设备的动力；或者直接以蒸汽为动力，拖动压气机、风机、水泵、起重机、汽锤和锻压机等。这类热能消费者通常称为动力用户。

(2) 工艺过程加热　利用蒸汽、热水或热气体的热量对工艺过程的某些环节加热，以及对原料和产品进行热处理，以完成工艺要求或提高产品质量。这类热能消费者统称为热力用户。

(3) 采暖和空调　建筑冬季采暖、热水供应以及夏季空调，它们都直接或间接使用大量热能，这类热能消费者统称为生活用户。

2. 热能的分类

从使用热能的参数来看，可以分为以下三个级别。

(1) 高温高压热能　常指500℃以上、压力为3.0～10MPa的蒸汽或燃气，它们通常用于发电。温度和压力越高，热能转换的效率也越高。

(2) 中温中压热能　通常指150～300℃、压力为4.0MPa以下的热能，它们大量用于加热、干燥、蒸发、蒸馏、洗涤等工艺过程，少数用于拖动。

(3) 低温低压热能　通常指150℃、压力在0.6MPa以下的热能，主要用于采暖、热水、制冷、空调等。

在制药工业企业中，中、低参数的热能使用最广泛，表8-3给出了制药企业使用蒸汽热能的参数。

表8-3　制药企业使用蒸汽热能的参数

用汽的工艺过程或设备	蒸汽参数	
	压力/MPa	温度/℃
原料及产品干燥	0.2～0.5	饱和或过热蒸汽
热沸炉	0.4～0.5	
蒸发	0.2～0.4	
液体蒸馏	0.4～0.6	
工件热补	0.6～0.9	

3. 节约热能的主要途径

节约热能的方法很多，概括起来应从以下几个方面着手：

(1) 提高热能转换为机械能的效率，特别是火力发电厂的效率；

(2) 实现集中供热、热电联产及“热、电、冷”三联产；

(3) 采用新型、高效的热交换设备；

(4) 实施煤气-蒸汽-电力联产，实现煤炭的高效、综合利用；

(5) 实现城市垃圾的资源化利用；

(6) 供生活用户使用的热能（如采暖、空调、炊事、沐浴和热水等），应尽可能使用低品质的热能，特别是余热。

热能在制药企业主要用于工艺过程加热，因此节能的关键是提高热交换过程的效率。从传热理论可知，提高传热系数、增大平均温度差和换热面积是提高换热强度的关键，其中尤以提高传热系数最为重要。

4. 余热回收技术

余热回收和利用是节约热能一个极为重要的途径。余热属于二次能源，是一次能源（煤炭、石油、天然气）转换后的产物，也是燃料燃烧过程中发出的热量在完成某一工艺过程后剩余的热量。这种热量若直接排放到大气或河流中去，不但会造成大量的热损失，而且还会对环境产生污染。

(1) 余热资源 工业生产中有着丰富的余热资源，从广义上讲，凡是温度比环境温度高的排气和待冷物料所含的热量都属于余热。具体而言，可以将余热分为以下六大类。

① 高温烟气余热。主要指各种窑炉、加热炉、燃气轮机、内燃机等排出的烟气余热。这类余热资源数量最大，约占整个余热资源的50%以上，其温度为650～1650℃。

② 可燃废气、废液、废料的余热。主要指高炉煤气、可燃废气、造气炉渣等。它们不仅具有物理热，而且含有可燃气体。可燃废料的燃烧温度在600～1200℃。

③ 高温产品和炉渣的余热。主要有焦炭、高炉炉渣、钢坯、钢锭、出窑的水泥和砖瓦等。它们在冷却过程中会放出大量的物理热。

④ 冷却介质的余热。主要指各种工业高热设备在冷却过程中由冷却介质所带走的热量，如电炉、加热炉等都需采用水冷，而水冷产生的热水和蒸汽都可以利用。

⑤ 化学反应余热。主要指化工和制药生产过程中的化学反应热。这种反应热通常又可在工艺过程中加以再利用。

⑥ 废气、废水的余热。这种余热的来源很广，如供热后的废汽、废水，各种动力机械的排气，以及各种化工、轻纺工业中蒸发、浓缩过程中产生的废汽和排放的废水等。

制药企业中的余热主要来源于高温气体、化学反应、可燃气体和高温产品等。余热约占企业总燃料消耗量的15%。余热按温度水平可以分为三档：温度大于650℃的高温余热，温度在230～650℃之间的中温余热，温度低于230℃的低温余热。

(2) 余热利用的途径

① 余热的直接利用。余热的直接利用有多种途径：一是利用高温烟道排气，通过高温换热器来加热进入锅炉和工业窑炉的空气，即预热空气。由于进入炉膛的空气温度提高，使燃烧效率提高，从而节约燃料。二是利用各步生产过程中的排气来干燥材料和部件。三是利用中低温余热来生产热水和低压蒸汽，以满足药品生产工艺和人民生活等方面需要的大量热水和低压蒸汽。四是利用低温余热通过吸收式制冷系统来达到制冷目的。

② 余热发电。余热发电通常有以下几种方式：用余热锅炉（又称废热锅炉）产生蒸汽，推动汽轮发电机组发电；高温余热作为燃气轮机的热源，利用燃气发电机组发电；若余热温度较低，可利用低沸点工质（如正丁烷）来达到发电的目的。

③ 余热的综合利用。余热的综合利用是根据工业余热温度的高低，采用不同的利用方法，实现余热的梯级利用，以达到“热尽其用”的目的。例如高温排气，首先应当用于发电，而发电的余热再用于生产工艺用热，生产工艺的余热再用于生活用热。

(3) 余热的动力回收 余热中动力回收的经济性好，许多热设备的排气温度较高，能满足动力回收的条件。此外，许多可燃废气的温度和热值都比较高，也是理想的动力回收资源。

对于中高温废气，在很多情况下，都是采用余热锅炉产生蒸汽，再驱动汽轮机发电。在20世纪60年代以前，一般仅利用余热锅炉生产少量的中低压蒸汽，供生产或工艺用汽之用。随着技术的发展，余热锅炉也逐步用于动力回收。20世纪90年代以后，由于石油、化工、冶金等大型企业的发展，余热锅炉亦向大容量和高参数方向发展，蒸汽压力已达10～

14MPa，单机蒸发量也超过 200t/h。据估算，年产 30×10^4t 的合成氨装置，若充分利用余热，则可以副产 300t/h 以上的高压蒸汽，除供发电、驱动合成氨压缩机（18MW）外，还可有 100t/h 的蒸汽供工艺过程用，全年可节煤 24×10^4t。

余热锅炉的结构和一般锅炉类似，但由于热源分散，温度水平不同，其布置还应服从工艺要求，因此不能像普通锅炉那样组成一个整体，多采用分散布置。因无需炉膛，故其外形更类似于换热器。此外，由于工艺排气中往往含有腐蚀性气体和粉尘，在余热锅炉的设计中应充分考虑废气的特点，在除尘和防腐蚀方面采取一些特殊措施。在大多数情况下，余热的热负荷是不稳定或周期波动的，为了使余热锅炉保持供汽的稳定，在系统中常常还需要并联工业锅炉，或在锅炉中加辅助燃烧器、蒸汽蓄热器等装置，以调节负荷。

对于低温的余热，在动力回收中通常采用闪蒸法或低沸点工质法。闪蒸法主要用于低温热水或汽水混合物，单级闪蒸动力循环系统示意图如图 8-1 所示。低温热水在闪蒸器中闪蒸成蒸汽，然后再利用所产生的蒸汽推动蒸汽轮机发电。为充分利用低温余热，还可采用两级闪蒸。与单级闪蒸相比，两级闪蒸可提高有效功率，但系统较复杂。

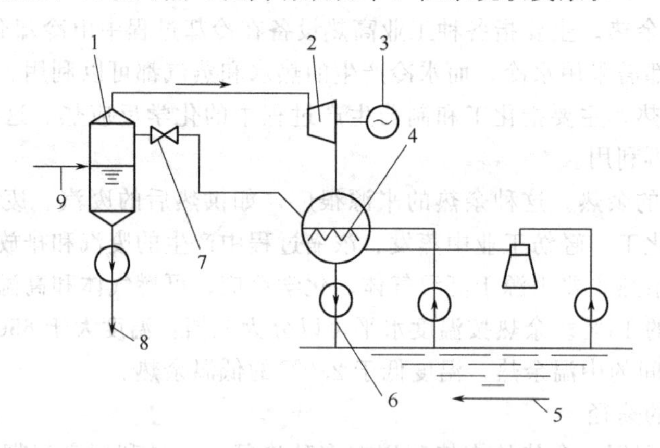

图 8-1 单级闪蒸动力循环系统示意图

1—闪蒸器；2—汽轮机；3—发电机；4—冷凝器；5—冷水源；
6—水泵；7—阀；8—排热水；9—低温热水

采用低沸点工质的动力回收方法有两种：一种是直接利用低温热源将低沸点工质加热并产生蒸汽，再利用其蒸汽推动汽轮机做功。这种低沸点工质发电的热力系统和普通水蒸气热力系统在工作原理上是完全一样的。可选用的低沸点工质除正丁烷外，还有氯乙烷、异丁烷、各种氟利昂、大多数的碳氢化合物以及其他低沸点物质（如 CO_2、NH_3）等。对低沸点工质的要求主要包括转换和传热性能好（如比热容大、密度高、热导率大等），工作压力适中，来源丰富，价格低廉，化学稳定性好，对金属腐蚀小，毒性小，不易燃易爆等。另一种是采用双循环法，即低沸点工质作为直接做功工质，而另一种工质则作为中间传热介质，构成双工质循环。图 8-2 为油-氟利昂双工质循环示意图。

这种双工质循环法常用于温度稍高的低温余热的利用。这是因为低沸点工质在较高的温度下易发生热分解，不宜采用热源直接加热蒸发，而是通过传热介质加热蒸发，传热介质多为聚醇酯油，它不但和氟利昂亲和力强，而且氟利昂蒸发后分离容易，因此可以采用直接接触式的热交换器，不但换热效率提高，而且换热器尺寸缩小。此外，油还起到蓄热作用，能适应余热热源流量和温度的波动。

余热回收虽然可以节能，但又需付出一定的代价，如设备投资、折旧和维护费等。因此在进行预热利用时一定要综合考虑经济效益，即进行余热利用效果的经济评价。

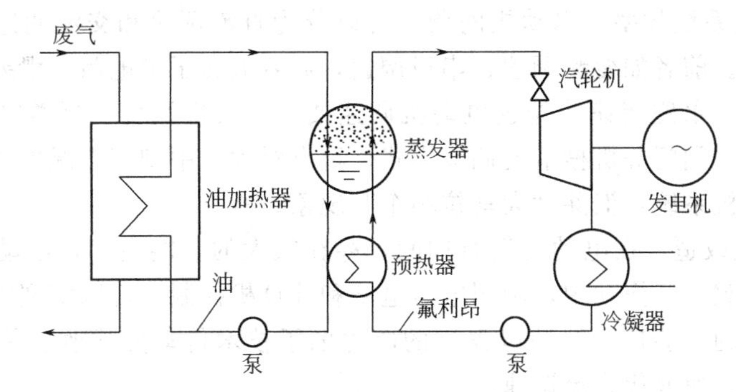

图 8-2 油-氟利昂双工质循环示意图

二、电力节能技术

1. 节电的重要性

电能是世界上应用最广的二次能源，由于电能的输送、控制、转换、使用都很方便，又不污染环境，因而得到普遍应用。但电能在产生和输送过程中不可避免地发生损耗，因此提高发、输电各环节的效率，提高用电设备的利用率，对节约能源及实现可持续发展将起到重要的作用。

在能源构成中，电能消耗的指数通常标志着一个国家的发达程度和工业化水平。例如我国用于发电的能源在一次能源消费中所占的比重仅为 30%，而全世界的平均值约为 50%，发达国家则可高达 80%，由此可见，我国工业化程度和生活质量还是处于较低的水平。

由于目前尚不能大规模地储存电能，因此发电、供电、配电具有不间断工作的特点，必须紧密配合，用户在每一瞬间需要多少电，就要供给多少电。电力过剩就会造成电力生产能力的积压浪费，电力短缺就会影响国民经济的发展。因此电能供需必须每月、每日、每时、每分、每秒都取得平衡。除了数量上达到供需一致外，还必须保证供电的安全性、可靠性以及电能质量。因此采用大机组发电，建设大电网，提高输电电压就成为电力工业发展的趋势。

电力节约主要从三个方面着手，首先是通过提高发电系统效率，保证电力系统经济运行，利用可再生能源发电及采用分布式供电系统的方法来实现发电系统节能。其次是降低在输配电系统上的电能消耗。最后是在用电终端实现电能节约。在上述任何一个环节中，哪怕节约电能一个百分点都会取得非常大的经济效益。

2. 制药企业用电终端节能方法

制药企业主要通过电动机、电热和电炉类设备、生活电器与办公设备的节能和照明节能来实现电力节约。由于用电终端设备种类多、数量大，其节能有着十分重要的意义。

(1) 电动机节能　各种容量和类型的电动机，包括中、小型电动机，广泛应用于药品生产的各个方面。电动机作为驱动的动力源，大到企业的风机、水泵、压缩机、起重运输机械、交通运输车辆等，小到空调、冰箱、风扇等家用电器，其应用量大而广，节电潜力巨大。电动机节能技术和措施包括节能电动机的设计制造和电动机系统节能改造，也包括控制节能，具体概括以下几方面。

① 淘汰低效电动机及高耗电设备。推广使用高效节能电动机、稀土永磁电动机、高效风机和压缩机、高效传动系统等，淘汰低效电动机及高耗电设备，逐步限制并禁止落后低效电机产品的生产、销售和使用。对旧的落后设备要进行更新改造，重点是高耗电的中、小型电动机及风机、泵类系统和流量系统的合理匹配。

② 提高电动机系统效率。电动机的调速可以分为直流调速和交流调速，也可以分为高效调速和低效调速。前者如变频调速、串级调速，后者如转子串电阻、滑差调速、调压调速等。推广变频调速、永磁调速等先进电动机调速技术，改进风机、泵类电动机系统调节方式，逐步淘汰闸板、阀门等机械节流调节方式。重点对大、中型变工况电机系统进行调速改造，合理匹配电动机系统，消除“大马拉小车”现象。

③ 对拖动装置改造。在电动机运行期间，存在很大的节能空间，电动机启停过程，特别是轻载和一些变载负荷拖动中，利用电力电子和计算机控制，可以实现电动机的启动优化控制和电动机运行的节能控制。即以先进的电力电子技术传动方式改造传统的机械传动方式，逐步采用交流调速取代直流调速。

(2) 电炉和电热类设备的节电　我国电能的70%是由火力发电厂提供的，在发电时已经损失了60%～70%的能量，如果又把电能再转换为热能，则与直接利用一次能源取热相比，要多付出2～4倍的能量，所以要尽量避免将电能转换为热能使用，这是最基本的节能概念。由于工艺或技术上的原因，在制药行业产品生产时还不得不使用电炉和电热类设备，对电炉和电热类设备可以从提高生产率、降低热力损耗及利用余热等方面节电。通常采用的方法如下。

① 严格计算设备容量。应根据加工对象所需的温度、热量、理论效率来选择设备的额定容量。凡是加工对象不必要加热的多余部分都要除去，以减少所需的加热量。装料盘箱或夹具，其重量和大小应尽可能小，这样可减少吸热，而且出炉后应将它们立刻放进绝热室，保持温度，以利再用。在计算热平衡时，应考虑余热利用，尽可能利用回收的热能，使冷料变成热料后再进入下一步工序。

② 正确选择加热方式。工业电炉和电热类设备有多种加热方式。电弧加热是利用电弧产生的热量来加热，如炼钢电弧炉和真空电弧炉。电阻加热是利用电流通过电阻时所产生的焦耳热来加热，通常可利用电阻丝间接加热，或直接给加热体通电加热，电阻炉、电热器、电熨斗就是电阻加热的典型例子。感应加热是利用电磁感应原理产生的焦耳热来直接或间接加热物体。远红外加热主要是利用红外线辐射加热，一般适用于100～450℃的加热。正确选择加热方式，减少热量损失，降低电能损耗，使总的电热效率最高。

③ 减少热损失。在电热装置中，热量损失与保温情况密切相关，必须采用优质的绝热材料作炉衬，电炉外表面的温度在任何情况下都应低于60℃，否则不仅炉子热损耗过大，而且又存在烫伤的危险。电炉表面应涂银粉漆，以降低炉体表面的辐射热损耗。

④ 改进工艺操作，提高加热效果。对各种类型的加热炉，用于加热夹层、料盘、料筐的热量为总热量的18%～29%，所以减轻夹具、料盘重量对提高加热效率有重要意义，可通过改善夹具、料盘的结构，合理选用材料等途径来实现。

此外，电炉反复升温、降温，炉体蓄热将受到影响，因此应尽量做到集中开炉，连续作业，如果待料时间太长，则应停炉。

(3) 生活电器与办公设备的节电　随着办公用品的现代化，办公室设备的能耗也日益增加，因此生活电器与办公设备的节电显得越来越重要。如电子设备常处于待机状态，其待机能耗可占到国内家庭总能耗的10%左右，因此改变待机方式，在不用电器时将电源完全关掉，可以减少不知不觉中消耗的电能。

在现代社会中，生活电器和办公设备种类繁多，其节电方法也各具特色，我们应根据各种电器的具体特点，采用不同的节电方法。例如，由于空调用电负荷约占城市夏季供电负荷的近40%，若空调温度升高1℃，可降低耗电量的8%，因此一些行业发起了“空调调高

1℃”的节电倡议活动，可节约大量电能。

总之，节电是手段，不是目的。节省电能，降低单位电耗，但不能增加其他能源的消耗，不能影响产品质量、产量和成本，不能使环境质量下降，还要保证节电设备的投资费用能够在短时间内收回。把各项节电措施落到实处，实际上就等于增效，因此，各行各业都在提倡节电。

三、冷凝水回收技术

蒸汽是工业生产和人们生活中被广泛应用的载热介质，由于其具有来源充足、价格低廉、无毒、无污染、不爆燃且热容大等优点，已广泛应用于化工、制药行业的工程加热、清洗、动力源等诸多领域。

一般用汽设备利用的蒸汽热量仅为蒸汽的潜热，而蒸汽中的显热，即凝结水中的热量几乎没有被利用。冷凝水温度等于工作蒸汽压力下的饱和温度，蒸汽压力越高，冷凝水中的热量也越多，其所含热量可以达到蒸汽所含热量的20%～30%。如果冷凝水不加以回收利用，不仅损失热能，而且也损失了高度洁净的水，使锅炉补水和水处理费用增加。

目前，我国蒸汽管网系统的节能存在两方面的问题：一是蒸汽泄漏严重，蒸汽管网上使用的疏水阀达75.71万只，其中60%处于超标准的漏气状态，30%处于严重漏气状态，再加上一些应该安装疏水阀而未安装导致的泄漏，每年泄漏蒸汽总量约为10^8t，约合1400×10^4t标准煤。二是约有70%的凝结水未被回收而直接排放。

冷凝水中所含热能占蒸汽排放热能的20%～25%。我国有关规定要求的冷凝水回收比例为80%，国际上较先进的国家要求回收比例一般为90%左右，仅此一项，我国每年浪费的锅炉软水就有15×10^8t，由此浪费的能源每年约合1500×10^4t标准煤。

冷凝水的最佳回收利用方式就是将冷凝水送回锅炉房，作为锅炉的给水。冷凝水回收系统可分为开式和闭式两类：从用汽设备来的冷凝水，经疏水器由冷凝水本身的重力（或由冷凝水泵）排至冷凝水箱中，若冷凝水箱与大气相通，冷凝水处于大气压力，并与空气直接接触，称为开式系统；而闭式系统的冷凝水箱则是密封的，其内部压力比大气压力稍高。

显然开式系统比较简单，尤其在冷凝水靠自身重力或压力流回冷凝水箱时更是如此。但在工作蒸汽压力较高时，由于冷凝水也具有一定的压力，当流入处于大气压力下的开式水箱时，将会因降压而产生大量的蒸汽，即所谓二次蒸汽，二次蒸汽散逸至大气中，不但导致大量的热损失，而且污染环境，因此在冷凝水回收系统中应尽量采用闭式系统。另外，由于闭式系统中的水不会与空气接触，不会吸收空气中的氧，因此系统不易腐蚀，但闭式系统的投资高于开式系统。

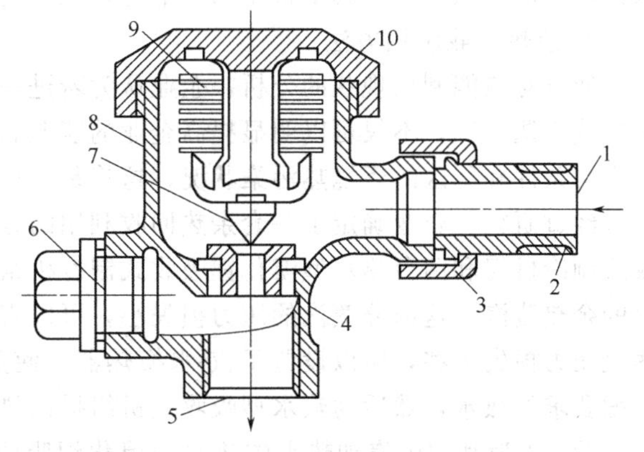

图8-3　热膨胀式疏水器

1—凝结水入口；2—管接头；3—管箍；4—阀座；5—凝结水出口；6—丝堵；7—阀尖；8—阀体；9—波纹管；10—阀盖

蒸汽在用汽设备和管道中放出潜热以后，冷凝为水，设备必须将积存的冷凝水及时排出。若冷凝水积存过多，对加热设备来说，将减少传热面积，降低设备的加热效果，对动力设备和管道还会引发水击，为此在加热设备和管道的泄水管出口应装设疏水器。疏水器的作用是将冷凝水及时排出，并能阻止未凝结的蒸汽漏出，所以又称为“阻汽器”。依据疏水器的作用原理不同，可分为机械型、热动力型和热静力型。此外，低压蒸汽系统和高压蒸汽系统所用的疏水器也不相同，必须正确选用。

低压蒸汽系统常采用的热膨胀式疏水器见图 8-3，其工作原理是波纹管内充满酒精，当波纹管周围出现泄漏蒸汽时，酒精被加热蒸发，使波纹管伸长，从而将锥形阀关闭，阻止蒸汽漏出。当波纹管周围为凝结水时，由于温度降低，波纹管收缩，将锥形阀打开排水。

疏水器的形式多样，它们的结构、性能（例如不同公称直径和压力差下的连续排水量）、使用方法等在有关手册或产品说明书中可查到。国家标准规定：疏水器的使用寿命应为 8000h，漏气率不超过 3%。我国目前每年生产的 100 万只疏水器中，有相当一部分达不到标准。更为严重的是，该安装疏水器的地方未装，如许多工厂在输送蒸汽的主管道上极少或根本不装疏水阀。按设计要求，主蒸汽管道上每隔 150～200m 就应安装一只疏水阀，除了热静力型疏水器外，其他形式的疏水器都必须水平安装。由于疏水器的选型、安装和使用不合理，不能定期检查、维修和更换，造成了蒸汽的大量泄漏，因此我国蒸汽管网系统的节能潜力是十分巨大的。

第四节　能源综合利用实例

一、某制药厂余热综合利用案例

某制药企业是一大型制药厂，也是化工行业的耗能大户。在产品生产过程中的消毒、发酵过程中存在着丰富的低温余热资源，节能潜力很大。

1. 余热排放现状分析

药品的生产工艺要求严格，原料必须进行严格认真的消毒，所有管路和发酵罐等设备在装入物料前也必须用流动蒸汽进行一定时间的消毒。给发酵罐和管路消毒后的“废”蒸汽最终都排入了环境，这些“废”蒸汽的温度一般都在 120℃左右，压力则略有不同，用于消毒管路的蒸汽压力损失小，为 0.4～0.5MPa，而用于消毒发酵罐的蒸汽由于生产工艺及药品的要求，压力有些下降，一般为 0.1MPa 左右。由于发酵生产规模都很大，每天将会产生几十吨的蒸汽消耗。目前有些余热已逐步回收用于厂区内部加热、生活区的冬季采暖和常年热水供应，但这只利用了其中很小的一部分，大量的热能都浪费了。

2. 余热回收利用方法

通过对热能利用现状的分析，企业认为若进一步回收余热，用于夏季溴化锂吸收式制冷集中式空调系统，不仅可以明显提高企业的能源利用率，节约大量能源，而且可以改善居民的生活条件和厂区的环境热污染状况，这将是一项具有多重效益的改造项目。

经过研究，企业确定了一套余热回收利用的方案，本方案选择一台蒸汽双效型溴化锂吸收式制冷机组和两台热水型溴化锂吸收式制冷机组。其中蒸汽型机组使用的是消毒管道后排出的余热蒸汽，这部分蒸汽的压力损失小，可以直接作为蒸汽型机组的热源；消毒发酵罐的蒸汽压力损失大些，所以设置了汽-水换热器，使蒸汽充分加热水后形成符合热水机组工作温度要求的热水，然后为热水型吸收式机组提供热源。

图 8-4 为利用废汽加热水的热水型溴化锂吸收式制冷机，采用高效汽-水换热器，使废汽与循环水直接接触，其中蒸汽冷凝而循环水被加热，所得热水作为热水型溴化锂吸收式制冷机的热源。制冷机容量以平均废汽量为热源来确定，由于废汽量是波动的，欲使其全部凝结，并保证热水温度不低于溴化锂吸收式制冷机对热源的温度要求，换热器中喷淋的循环水

量应随之变化。另一方面，工艺要求冷量稳定，相应要求向溴化锂吸收式制冷机提供稳定的热水量作热源。为解决这个问题，安装了回水罐，当废汽量超过平均值时，加大喷水量，增开泵 2，多余的热水储存于回水罐中；当废汽量低于平均值时，减小喷水量，打开阀 2，回水罐中的热水作为补充热水，系统的控制是根据汽-水换热器出口水温的信号，通过调节阀 1、阀 2 以及开停泵 2 来实现。

3. 本方案特点

(1) 能在废汽量波动的条件下，供给较稳定的冷量，克服了由于余热的波动性对回收利用造成的困难。

(2) 残留于废汽中的不凝性气体，在蒸汽冷凝加热水以后，从水中分离出来，不致因不凝性气体进入热水型溴化锂吸收式制冷机的发生器而影响传热效果。

(3) 汽-水换热器具有传热温差小的特点，这对于品位低的消毒尾汽余热利用特别有利。

(4) 热回收设备可冬夏共用。在冬季，废汽凝水也随之不断进入热网，节约了原采暖系统的软化补水。

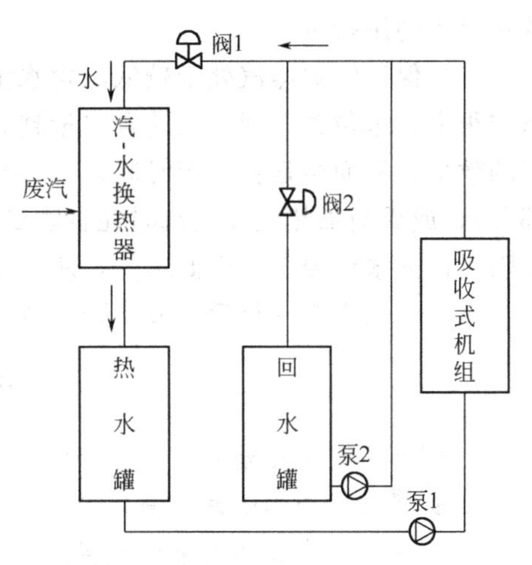

图 8-4　热水型溴化锂吸收式制冷机组工作示意图

4. 节能成果

在节能改造之前，企业使用的压缩式机组年运行费用为 194.22 万元。而在余热回收方法中，吸收式机组年运行费用仅为 139.73 万元，比改造前每年节约运行经费 54.49 万元。吸收式机组总投资为 358.9 万元，所以项目投资回收期为 358.9/54.49＝6.59 年。

由上述分析可知，对那些应排放或工艺中难以利用的余热蒸汽等热量进行回收利用，其经济效果相当可观。此外，吸收式机组系统用电量较之电动式机组系统要小得多，不仅节省电费，而且对缓解电网负荷起着相当大的作用。

二、某制药厂燃气降耗应用实例

按照国家环保的要求，规定 20t 以下的燃煤锅炉必须实施清洁能源工程（即煤改气工程）。某制药厂将原有的两台燃煤锅炉更换为天然气锅炉，而燃气锅炉的运行成本是燃煤锅炉的 2～2.5 倍，如何降低燃气锅炉的天然气单耗是一个重要课题。

该企业组织技术人员进行课题攻关，经反复实验，确定了以下降耗方法。

(1) 调节天然气与空气的最佳比例，以提高锅炉燃烧效率　燃气锅炉的燃烧状态如何，与锅炉的整个烟气系统阻力、天然气和空气的比例关系特别大，阻力越大其燃烧效果越差，若天然气量过大则不能充分燃烧，若空气量过大则会增加烟气系统阻力，使燃烧效果下降，所以空气与天然气的比例是燃气锅炉节气的关键。

(2) 随时保持锅炉换热部位的清洁，以提高锅炉传热效率　锅炉依靠锅筒和各类烟管进行热交换，随时保证锅筒、烟管的清洁，对保证锅炉的有效热交换尤为重要。制定定期清洁制度，对烟管、锅筒等传热面进行彻底清洁，可以提高锅炉的传热效率，降低天然气用量。

(3) 尽量使锅炉在高效率区运行，即在锅炉额定蒸发量 70%～90%的范围内运行　由于锅炉本身的结构一定，则其散热损失基本一致，当运行负荷变小时，则锅炉压力升高，蒸汽温度升高，其散热损失相对变高；反之，若锅炉满负荷或超负荷运行，则会降低锅炉的使用寿命。因此，保持锅炉在一个适当的负荷下运行，则对减少散热损失的比例（即单位蒸汽的散热损失）和保持锅炉的使用寿命尤为重要。经查阅资料，锅炉运行的高效率区在锅炉额定负荷的70%～90%。

（4）回收蒸汽冷凝水至锅炉循环使用，以提高锅炉进水温度 调整管道设计，利用自然落差，将前处理车间、提取车间和固体车间主要用汽设备的蒸汽冷凝水回收到锅炉软水罐内，重新进入锅炉使用，不仅可提高进水温度，减少天然气耗量，同时也减少自来水用量和软化过程的用盐量。

（5）保证锅炉蒸汽处于较低的含水量，以减少能源损失 锅炉水位高低对蒸汽的含水量影响很大，水位越高则蒸汽的含水量越高，用热设备的热效率差（即相同的蒸汽不能达到同样的效果，从而会延长生产时间）。由于这些蒸汽很快变成水，则会造成水的流失（未回收部分），或重新加热变成蒸汽时耗费能量。若锅炉水位过低，则不能保证锅炉的安全。为此要随时保证水位控制在中低水位，从而减少余汽跑掉带来的能源损失。

该项目在实施一年后，节能降耗效果非常明显。

思 考 题

1. 制药企业主要消耗哪些能源？
2. 选择三种余热资源，简述其回收利用的方法。
3. 简述电热类设备的节电途径。
4. 冷凝水中的热能还有必要回收吗？如何减少冷凝水的热损失？

第九章　典型制药单元操作资源利用分析

【学习目标】

① 了解典型制药单元操作中资源的利用率、废弃物产生的特点；

② 熟悉典型制药单元操作过程、工艺原理和方法；

③ 掌握典型制药单元操作中的资源分析方法、回收利用状况及解决途径；

④ 通过实例分析，学会资源回收方案的设计、实施、评价等工作过程；

⑤ 树立岗位技术改造、工艺革新的理念，能对典型制药单元操作进行资源利用分析，并能提出解决问题的基本思路。

在药品生产过程中，各单元操作的资源利用率是不相同的，每个单元都会产生一定量的废弃物，为了回收有用的物料，必须对制药各单元操作进行分析。因此，很多制药企业从工艺、操作、设备、能源、物料、管理等角度，尽可能地提高资源的利用率，以减少废物的产生。如从母液中尽可能分离出溶剂、萃取剂或副产物；从废气中获得易溶组分，或除去废气中的杂质以回收利用气体；从废渣中获得副产物，或对废渣进行肥料化处理，实现综合利用。

废物的产生与药品生产过程的单元操作相伴相随，如结晶过程的母液中含有大量的溶质；过滤操作会产生废水与废渣；干燥操作会产生粉尘与废气、废液；蒸馏过程中会有大量的纯水与能源的浪费。这些废物若直接抛弃，不仅会造成生产成本的升高，还会加重环境处理的负担。因此，资源回收与综合利用必须从各个单元操作过程做起。

第一节　结晶单元操作的资源分析

一、结晶过程

结晶作为一种分离提纯方法，在传统医药化工生产中一直占有相当重要的位置。与其他分离方法相比，结晶法具有产品纯度高、能量消耗少、操作温度低、对设备腐蚀程度小、操作简单、成本低等特点，而且由于晶体外观好，适于商品化及包装，同时能够满足纯度要求，且制药生产中绝大多数药物产品如抗生素、氨基酸等均要求有合适的晶形，因此结晶单元操作在药品生产中的应用非常广泛。

1. 结晶原理

使溶质从过饱和溶液中成结晶状态析出的操作技术，称为结晶技术。结晶后剩余的溶液通常叫母液，将晶体与母液分离就能得到纯净的产品。结晶是制备纯物质的有效方法之一，因为只有同类分子或离子才能有规则地排列成晶体，故结晶过程有很好的选择性。结晶可以使溶质从成分复杂的母液中析出，再通过固液分离、洗涤等操作，得到纯度较高的产品。

在一定温度下，任何一种物质溶解在某一定量的溶剂中，都有一个最大限度，即只能达到一个最大浓度。通常规定，在一定温度下某物质在100g溶剂中所能溶解的最大克数，为该物质在此温度下的溶解度，也称为饱和浓度，此状态的溶液称为饱和溶液。物质的溶解度与其化学性质、pH、温度、溶剂的种类、溶剂的组成和离子强度等有关。因此，在药品生产中，温度、pH、离子强度、溶剂组成等参数的调节是结晶操作的重要手段。

在一定温度下，如果溶液中溶质的含量小于溶解度，此溶液称为不饱和溶液，此种情况下溶质完全溶解在溶剂中，溶液呈单一液相状态。如果溶液中溶质的含量等于溶解度，则此溶液称为饱和溶液，此时溶液处于饱和状态，既没有固体溶解，也没有溶质从液相析出，溶液仍呈单一液相。如果溶质含量超过溶解度，则此溶液称为过饱和溶液，此时溶液处于过饱和状态。过饱和状态下的溶液是不稳定的，也可称为"介稳状态"，一旦遇到震动、搅拌、摩擦、加晶种甚至落入尘埃，都可能使溶液的过饱和状态被破坏而立即析出结晶，直到溶液达到饱和状态后，结晶过程才停止。

显而易见，溶液的过饱和状态是物质从溶液中析出结晶的必要条件，溶液的过饱和度（即过饱和溶液浓度与溶解度之差）是结晶过程的推动力，其过饱和度可直接影响结晶速率和晶体质量。而结晶收率则取决于溶解度的大小，溶解度越小，结晶收率越高。工业生产中要想获得理想的晶体，必须控制好过饱和溶液的形成过程。

2. 结晶方法

（1）蒸发法　蒸发法是借蒸发除去部分溶剂，而使溶液达到过饱和的方法。在加压、常压或减压条件下，通过加热使溶剂气化一部分而使溶液达到过饱和。此方法适用于遇热不分解、不失活、溶解度随温度变化不显著的药物结晶分离过程。如用甲醇-氯仿溶液将丝裂霉素从氧化铝吸附柱上洗脱下来，然后进行真空浓缩，除去大部分溶剂后即可获得丝裂霉素晶体；又如灰黄霉素的丙酮提取液，经真空浓缩，蒸发掉大部分丙酮后即可使其晶体析出。蒸发法的不足之处在于热能消耗较高，加热面容易结垢，为降低能耗，生产上常采用真空多效蒸发。

（2）冷却法　冷却法结晶过程基本上不去除溶剂，而是使溶液冷却降温，成为过饱和溶液。此法适用于溶解度随温度降低而显著减小的药物结晶分离过程，如红霉素的第二次醋酸丁酯提取液，在趁热过滤并加入10%丙酮后，随即进行冷冻（温度在－5℃以下）结晶，经冷冻24～36h后，红霉素就大量析出。根据冷却的方法不同，可分为自然冷却、强制冷却和直接冷却。在生产中运用较多的是强制冷却，其冷却过程易于控制，冷却速率快。

（3）真空蒸发冷却法　又称绝热蒸发法，其原理是使溶剂在减压条件下闪蒸而绝热冷却，实质上是以冷却和去除一部分溶剂两种效应来产生过饱和度的。此法适用于溶解度随温度变化介于蒸发和冷却之间的药物结晶分离过程。真空的产生常采用多级蒸汽喷射泵及热力压缩机，操作压力一般可低至30mmHg（1mmHg＝0.133kPa）（绝压），也有低至3mmHg（绝压）的，但能量消耗较高。真空蒸发冷却法的优点是主体设备结构简单，操作稳定，器内无换热面，因而不存在晶垢的影响，且操作温度低，可用于热敏性药物的结晶分离。

（4）反应法　调节溶液的pH或向溶液中加入某种反应剂，使其溶解度降低或生成溶解度较低的新物质，当其浓度超过它的溶解度时，达到过饱和而析出晶体。如四环素的酸性滤液用氨水调pH为4.6～4.8（接近其等电点）时，即有四环素游离碱沉淀出来；又如在青霉素醋酸丁酯的提出液中，加入醋酸钾-乙醇溶液，即生成水溶性高的青霉素钾盐而从酯相中结晶析出。

（5）盐析法　指向溶液中加入某种物质，使溶质的溶解度降低而形成过饱和溶液的方法。加入的物质应能溶于原溶液中的溶剂，但不能溶解溶质晶体。如利用卡那霉素易溶于水、不溶于乙酸的性质，在卡那霉素脱色液中加入95%乙酸到微浑，加晶种并保持温度在30～35℃，即可得到卡那霉素成品。在实际生产中被加入的物质多为固体和液体。

在实际生产中，常将几种方法合并使用。例如普鲁卡因青霉素结晶即是结合利用冷却和反应两种方法，即先将青霉素钾盐溶于缓冲溶液中，冷却至5～8℃，并加入适量晶种，然后滴加盐酸普鲁卡因溶液，在剧烈搅拌下就能得到普鲁卡因青霉素微粒结晶。又如维生素B_{12}则是利用冷却和盐析结晶两种方法，即将维生素B_{12}的水溶液以氯化铝层析去除杂质，收集流出浓度在5000U/ml以上的丙酮水溶液（即结晶原液），然后向结晶原液中加入5～8倍量的丙酮，使结晶原液呈微浑，放置于冷库中约3天，即可得到合格的维生素B_{12}结晶。

3. 晶体的分离

结晶过程结束后，含有晶粒的混合液称为晶浆，为得到合乎质量标准的晶体产品，还需经过固液分离、晶体的洗涤及干燥等一系列操作，其中晶体的分离与洗涤对产品质量的影响很大。在药品生产中，晶体的分离操作多采用真空过滤和离心过滤。

结晶过程产生的晶体本身比较纯净，但经固液分离得到的晶体中，由于吸附等作用，仍有少量的母液留在晶体表面，还有一部分母液则残留在晶体之间的孔隙中而不能彻底脱除，使晶体受到污染，因此，必须洗涤。通过洗涤晶体，可以改善结晶成品的颜色，并可提高晶体纯度，因此加强洗涤有利于提高产品质量。

在反应结晶法中，结晶物质在溶剂中的溶解度可能相当小，而母液中却可能含有大量的可溶性杂质，此时用简单的过滤和洗涤不能适应产品纯度的要求，尤其是产品粒度细小时更是如此。例如将$BaCl_2$和Na_2SO_4的热溶液混合，$BaSO_4$作为晶体产品析出，但其粒度很小，过滤和洗涤都将遇到困难，此种情况下，可采用“洗涤-倾析法”，以除去存在于母液中的反应副产物NaCl。

经分离洗涤后的晶体即为湿晶体，其杂质含量降低，但洗涤剂仍残留在晶体中，为便于干燥，洗涤后常用易挥发的溶剂（如乙醚、丙酮、乙醇、乙酸乙酯等）进行预洗。例如灰黄霉素晶体，先用1∶1的丁醇洗两次，除去大部分的油状物色素后，再用1∶1乙醇预洗一次，以利于干燥。

二、结晶操作中的资源分析

1. 结晶操作产生的废液特点

（1）结晶生产工艺流程分析

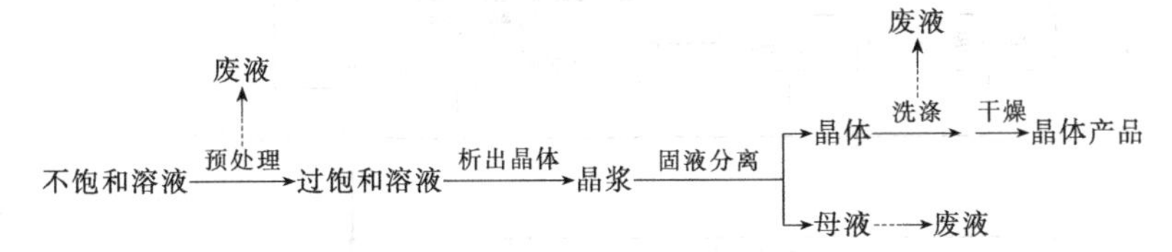

（2）结晶操作中产生的废液特点

① 不同预处理方式产生的废液特点。结晶前制备过饱和溶液的方法不同，其所排放的废弃物种类不同。

a. 蒸发法：由于蒸发法是借助一定热量蒸发除去部分溶剂，而使溶液达到过饱和，在此过程中会产生大量的废溶剂。

b. 反应法：由于反应法是通过调节溶液的pH或向溶液中加入某种反应剂，使其溶解度降低或生成溶解度较低的新物质，在此过程中加入了某些物质，会造成固液分离后的废母液中存在一定量的反应试剂和反应副产物。

c. 盐析法：由于盐析法是通过向溶液中加入某种物质，使溶质的溶解度降低而形成过饱和溶液，此过程会使固液分离后的废母液中存在一定量的该种物质。

另外，在预处理过程中，有时会加入吸附脱色剂如活性炭等物质进行脱色精制，此时会产生大量固体废渣，这些废渣也要尽可能加以回收利用。

② 固液分离后产生的废液。固液分离后会产生大量的废母液，其中含有未结晶出的溶质、溶剂、改变溶质溶解度的其他物质及母液中存在的各类杂质等，如果将废母液直接排放，将会使溶剂消耗大大增加，降低溶质结晶的收率，使生产成本大大提高。

③ 晶体洗涤过程产生的废液。通常采用一种对晶体不易溶解的液体作为洗涤剂，此液体应能与母液中的原溶剂互溶。如从甲醇中结晶出来的物质可用水来洗涤；从水中结晶出来的物质可用甲醇来洗涤。洗涤后的废液中不仅含有洗涤剂、原溶剂，而且还可能含有一定量的色素、可溶性杂质等物质。

2. 结晶过程资源回收利用状况及解决途径

结晶操作采用不同的工艺、不同的设备会有不同的废液产生，因此结晶过程资源回收的技术和方法要针对不同的工艺和设备来选择，以下分别举例说明。

实例 1　土霉素生产中的资源回收

土霉素属于四环素类抗生素的一种，1987 年我国四环素类抗生素（包括土霉素）产量为 9726.4t，占抗生素产量的 66.5%。目前，我国四环素类抗生素年生产能力已超过 2 万吨，占我国抗生素生产能力的 1/2，其中土霉素约占 70%，中国已成为世界上最大的土霉素生产国。如果按土霉素的提取率为 88%～91%计算，则全国每年以废结晶母液形式排出的土霉素废水总量约为 120 万～160 万吨。目前，我国土霉素的市场需求稳定，其中畜用土霉素需求量很大，废水排放还会有增加的趋势。

(1) 土霉素废水特征

① 废水的组成。土霉素一般的生产工艺流程及废水排放见图 9-1。在三种主要废水中，土霉素结晶母液占绝大部分，大约是废水总量的 60%左右，设备和地面冲洗废水占全部废水量的 1/3，其余是少量的酸碱废水。

② 土霉素废水水质。设备和地面冲洗废水主要含有废菌丝体、细胞残片等大的悬浮物质，易于沉降处理，而酸碱废水可划归易于处理的无机废水，且水量较少，所以土霉素结晶母液是土霉素废水治理的重点。

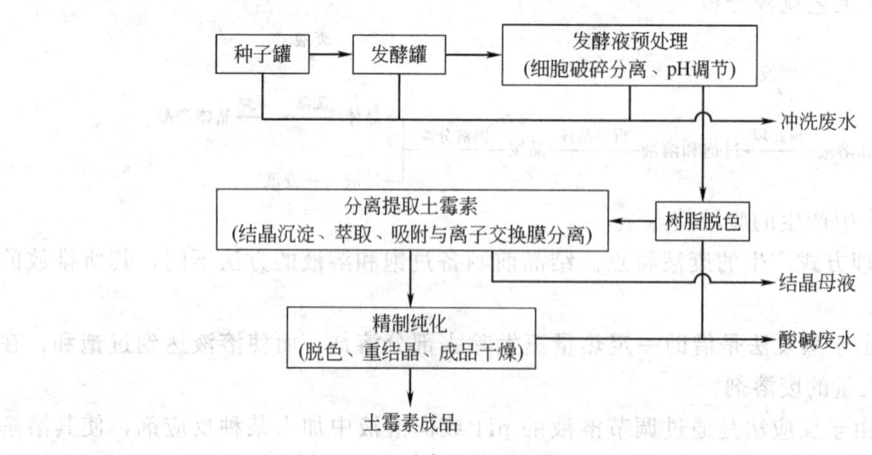

图 9-1　土霉素一般的生产工艺流程及废水排放

土霉素结晶母液是一类高浓度有机废水，主要污染因子为 COD、硫酸盐和生物抑制剂。构成 COD 的主要物质为糖类、草酸、蛋白质类，其次为土霉素、淀粉残粉，一般情况下糖和蛋白质类物质占 COD 的 80%左右，草酸占 COD 的 10%左右，残存土霉素占 COD 的 5%左右。废水中的物质分为两类：一是带色大分子物质，它们在水中溶解度较小，而在土霉素水溶液中却有较好的溶解性，以溶解态或胶体态存在；另一类是分子量较小的物质，如无机盐、培养基等，多以溶解态存在。而且废液中含有的残余土霉素会对多种微生物产生抑制性，对废水的后续生化处理产生较大影响。

（2）回收土霉素和草酸 根据以上分析可知，土霉素废水之所以难于治理，其主要原因是含有对微生物有抑制作用的残余土霉素和有毒有机物，这些物质既有污染环境的一方面，也有可成为资源的另一方面，“变废为宝”正是当今水处理的发展趋势。图 9-2 为从结晶母液中回收土霉素和草酸的工艺。

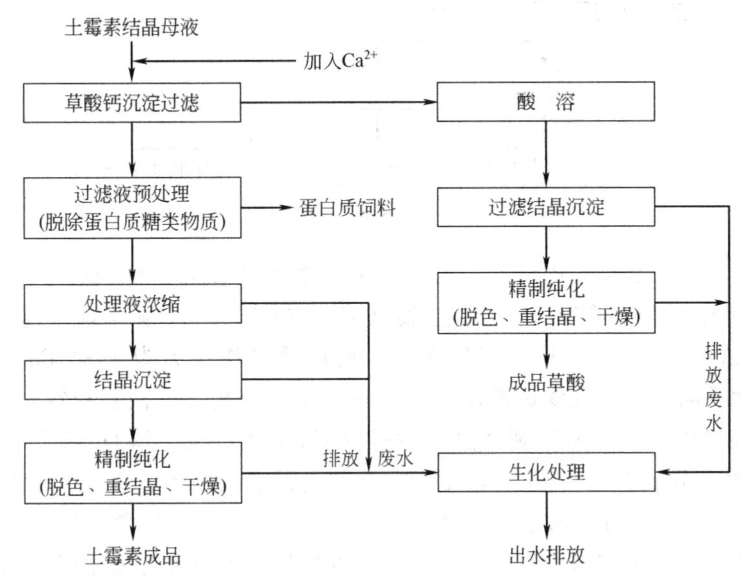

图 9-2 回收土霉素和草酸的工艺

① 回收草酸。土霉素结晶母液中含有一定量的草酸，加入 Ca^{2+} 溶液，形成草酸钙沉淀，经过滤，草酸钙固体送至酸溶岗位，再经结晶、重结晶后，可得到成品草酸。

② 过滤液预处理。为去除废水中的绝大多数悬浮物质和大部分可溶性有机大分子物质，减少后续的浓缩结晶处理量，回收利用蛋白质。根据土霉素母液中主要有机成分的化学性质和存在状态的不同，采用过滤、絮凝、沉淀、气浮、膜法等工艺分离糖类和蛋白质，一般选用选择性化学气浮或利用蛋白质的等电点沉淀来分离母液中的大分子溶解性物质，再通过运行成本较低的过滤操作，去除母液中的悬浮物，过滤所得的滤渣可以经过进一步加工生产蛋白质饲料产品。

③ 处理液浓缩。处理液中的土霉素含量较低，为使其达到可以结晶的浓度，可以参考传统发酵行业的做法，采用萃取、反渗透、树脂吸附等方法来浓缩废水中的土霉素，但考虑到废液量大、杂质多、处理费等因素，高效萃取法是最佳的选择。

④ 结晶过程。一般采用制药行业的通用方法，将土霉素溶液的 pH 调节到 4.8，即可使结晶析出。

⑤ 精制纯化。由于废液中成分复杂，且经过一定的工艺流程后，废液中的物质（包括土霉素）有可能发生变化，因此，结晶产物中有可能会含有土霉素降解产物、溶剂和其他杂质，必须采用重结晶、萃取或层析、干燥等步骤来降低产品中的杂质，使产品达到医用或畜用土霉素的标准。

（3）利用离子交换法从废液中回收土霉素 利用离子交换法从废液中回收土霉素的工艺

流程如图 9-3 所示。首先对结晶母液用聚铝絮凝剂进行预处理；再将处理好的结晶母液经强酸性阳离子交换柱进行吸附，同时利用纸色谱定性检测离子交换柱出口的土霉素溶液浓度；当吸附达饱和量时，用蒸馏水洗涤离子交换柱，以除去树脂表面吸附的母液和杂质；最后用解吸剂进行解吸，其解吸液含有 1.76g/L 土霉素，加入 $CaCO_3$ 粉末并搅拌，调节 pH 为 8.5～9.0，静置存放 40～50min 后，结晶析出 1.61g/L 土霉素，结晶率为 91.5%，土霉素回收率为 81%，经过滤干燥可得到兽用的土霉素钙。

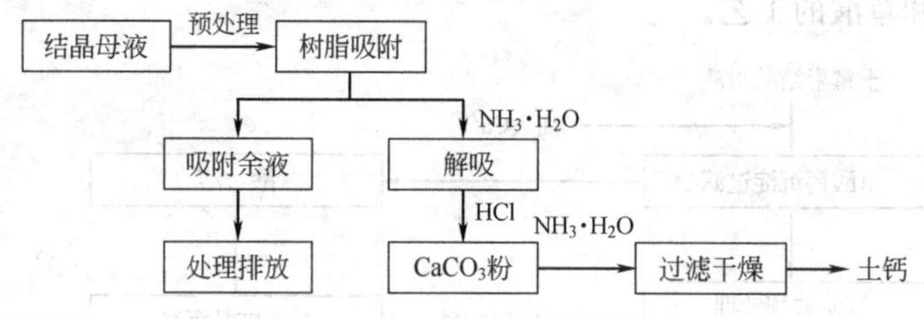

图 9-3 从废液中提取土霉素工艺流程

(4) 利用膜分离法从母液中回收土霉素　先用盐酸将结晶母液 pH 从 4～5 调节至 2 左右，以防土霉素在膜表面结晶。经超滤膜（MWCO 50000）预处理，超滤操作压力为 0.3MPa，体积浓缩 10 倍。然后进行反渗透，反渗透操作压力为 1.8MPa，体积浓缩 3.5 倍，为避免温度升高，维持反渗透操作温度 21～23℃。分析渗透液是否符合废水排放要求，达到标准后可直接排放；浓缩液则经过超滤膜（MWCO10000，购自 Millipore 公司）处理后，用 15%氨水调节 pH，进行土霉素结晶，并与土霉素在未经超滤处理的浓缩液中结晶的结果进行比较，结果如表 9-1 所示。结晶结果的差异是由于母液中含有蛋白质、多糖等大分子，因自身结构具有亲水和疏水基团，属表面活性物质，所以和母液中残留的土霉素有相互作用，使土霉素过饱和而不结晶。超滤去除这些影响因素后，土霉素结晶纯度提高，回收率增大。

表 9-1　从反渗透浓缩液中结晶土霉素的实验结果

结晶体系	生物活性/(U/mg)	纯度/%	回收率/%
超滤后结晶	771	82.9	62
直接结晶	248	26.7	24.5

实例 2　7-ACA 结晶岗位废液中丙酮的回收

丙酮用于 7-ACA 的结晶、干燥、洗涤，经上述岗位使用后，送到回收岗位，通过一系列精馏单元操作进行回收，合格后供各岗位重复使用。

图 9-4 为结晶丙酮回收流程简图。含有丙酮的结晶母液、7-ACA 丙酮洗涤废料都直接打入废料罐中，达到一定液位后，启动废液进料泵开始向精馏塔进料，废液经过塔釜换热器预热后，从塔中部进入，塔内上升的蒸汽经过塔顶一冷、二冷换热器后回流进塔，根据塔顶温度控制回流量，检测合格后采出馏出液，馏出液（含丙酮）经成品冷却器进入成品待检罐，检测合格放入成品罐，检测不合格放入废液罐重新蒸馏。此塔为连续泡罩精馏塔，再沸器为列管式换热器，用饱和水蒸气作为热源，塔顶一冷却、二冷器为螺旋板式换热器，用 10℃循环水冷却，以冷凝气相中的丙酮。

实例 3　青霉素盐生产中结晶岗位废液中丁醇、乙酸乙酯的回收

在青霉素盐生产中的结晶岗位，常用丁醇洗涤晶体以除去杂质和色素。青霉素盐除用丁

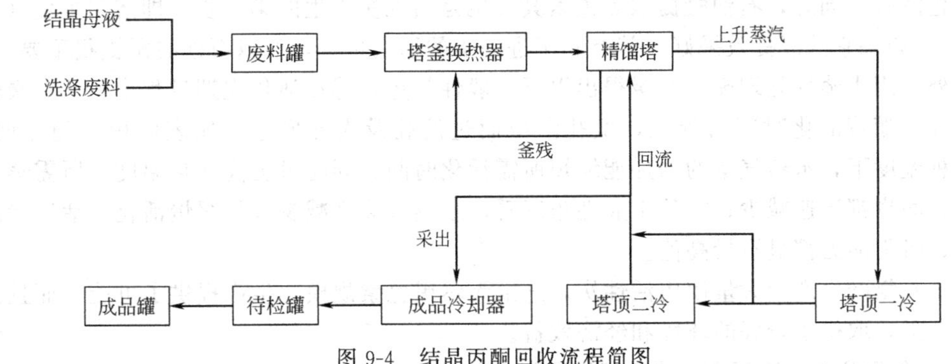

图 9-4 结晶丙酮回收流程简图

醇洗涤外，还需用一定量的乙酸乙酯进行预洗，原因是乙酸乙酯沸点低、挥发性强、便于干燥，因此会产生大量的废液。

丁醇回收系统采用的是连续精馏流程。它由丁醇脱水塔和丁醇脱色塔两套塔构成，丁醇脱色塔采用的是简单蒸馏，丁醇脱水塔采用的是精馏流程。当废丁醇进入脱色塔后，先经列管换热器加热，生成蒸汽后经冷凝器冷凝，进粗丁醇罐，而后进丁醇脱水塔，再经过蒸馏，生成蒸汽，经冷凝器冷凝为液体，重相进分水罐，轻相冷却后进周转罐循环使用。

废乙酸乙酯液中含有乙酸乙酯 65%、丁醇 30%（均为质量分率）和少量水，可利用乙酸乙酯与水生成共沸物（共沸点为 70.4℃）以及乙酸乙酯沸点（77.1℃）低于丁醇（117.3℃）的性质，用间歇精馏法先将乙酸乙酯与水的共沸物蒸出，共沸物冷凝后用 732 阳离子交换树脂脱水可得较纯的乙酸乙酯；然后进行乙酸乙酯和丁醇的分馏，控制回流比，使塔顶馏出液中乙酸乙酯含量≥95%，塔釜残液中丁醇含量≥98%（均为重量百分数）。

实例 4 利用提取法从胱氨酸生产用废活性炭中回收黑色素

胱氨酸生产是以毛发加盐酸水解制成，其生产过程中需要使用活性炭对胱氨酸精制吸附脱色两次，以除去黑色素，因此有大量废活性炭产生，为使活性炭再生，并回收其中的黑色素，采用如图 9-5 所示的废活性炭色素提取和再生流程，获得了较好的环境和经济效益。

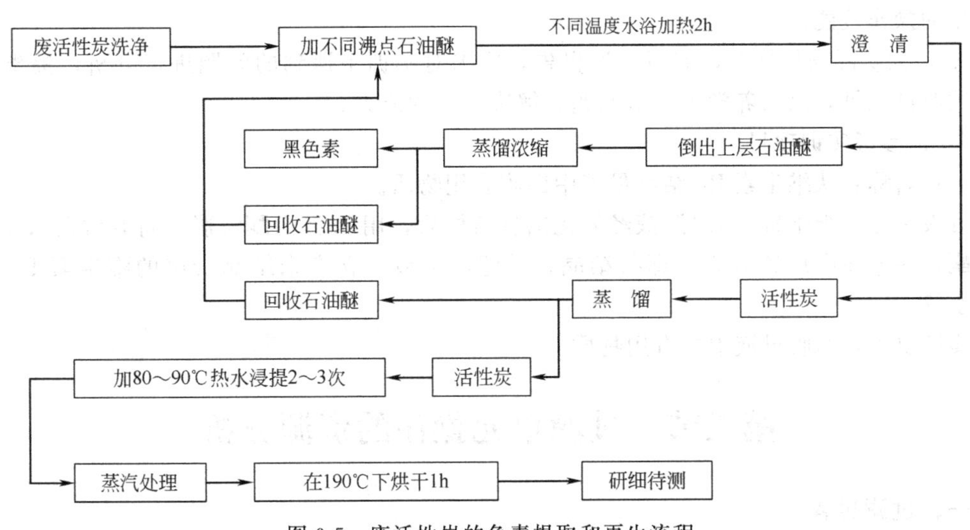

图 9-5 废活性炭的色素提取和再生流程

通过实验分析，采用沸点 30～60℃和沸点 60～90℃的混合石油醚效果要比单独一种石油醚的效果好，浸提的温度越高越好，但受浸提剂沸点限制，浸提温度为 55℃时黑色素产量大，色泽好。同时，石油醚提取黑色素其实也是活性炭再生的第一步，即溶剂再生（或溶剂萃取）。如果它的浸提效果好，就有利于进一步的彻底再生，所以石油醚浸提很重要。

另外，用水蒸气处理废活性炭得出以下一般性趋势：①在活化先期过程中废活性炭微孔不断增加，随着活化时间的延长，微孔渐减而过渡孔及大孔发达，比表面积也随之增加；②在各种温度下，水蒸气量的增加能缩短所需活化时间，同时可提高活化温度，所需蒸汽量和活化时间也都迅速减少；③从工业性角度看，水蒸气速度减少进行缓慢活化，活性炭的机械强度、吸附能力都显示最高值。

由于胱氨酸生产中大量使用活性炭，这给天然黑色素规模化生产提供了可能，而且减少了环境污染，取得了较好的环境和经济效益。

三、结晶操作中资源回收与利用项目训练

（一）结晶操作资源回收与利用项目训练目标要求

1. 掌握结晶操作资源回收的原理、方法和基本操作。

2. 学会进行结晶操作资源回收利用的综合分析。

3. 学会设计资源回收的方案及工艺。

（二）结晶实训方案设计与能力培养

1. 教师根据结晶操作资源回收实训目标要求，结合本院校实际情况，拟定实训题目。

2. 学生在理解实训题目要求的基础上，查阅相关资料，了解有关物质结构、性质、结晶条件等，初步确定操作方案，以培养学生搜集信息、拟定实训方案的能力。

3. 在确认实训方案可行的基础上，根据所学专业知识，初定工艺参数和相关数据，培养学生理论联系实际的能力。

4. 根据实训方案要求，选择所用仪器、设备的规格型号，计算并编写所用溶液的配制方案，经指导教师确认后，进行各项实训准备工作，以培养学生基本工艺计算、溶液配制和设备选用的基本能力。

5. 按照拟定方案进行实训操作，在操作中注意观察，随时记录实训操作的有关数据、现象，及时处理实训中所遇到的各种问题，通过实训操作，培养学生动手、动脑的能力，强化学生的操作技能。

6. 根据实际操作情况，编写实训报告，要求对实训中遇到的问题进行分析，提出实训方案的改进意见，以培养学生分析问题、解决问题的能力。

（三）参考实训项目

项目名称：从维生素 B_{12} 结晶母液中回收有用物质。

废液来源：维生素 B_{12} 水溶液经氧化铝色谱柱后，用50%丙酮洗脱，将其洗脱液加入4倍丙酮，在冰库中放置3天，即得结晶，过滤，母液中含有未结晶析出的维生素 B_{12}、丙酮、水等。

实训要求：回收母液中的有用物质。

第二节　过滤单元操作的资源分析

一、过滤过程

过滤在制药工业生产上是一类经常使用的单元操作。在原料药、制剂乃至辅料的生产中，过滤技术的效能都将直接影响产品的质量、收率、成本及劳动生产率，甚至还关系到生产安全与企业的环境保护。

1. 过滤原理

过滤是以某种多孔物质为介质，在外力作用下，使悬浮液中的液体通过介质的孔道，而固体颗粒被截留在介质上，从而实现固液分离的操作。在过滤操作中，通常称原有的悬浮液为滤浆，滤浆中的固体颗粒为滤渣，称多孔介质为过滤介质，积聚在介质上的沉淀层为滤饼，其通过滤饼层及介质的澄清液为滤液。过滤操作是分离悬浮液中固体颗粒行之有效的方法，它在制药生产中得到了广泛应用。如在抗生素生产中从发酵液中分离出菌丝体等固体；原料药生产中结晶产品的分离。

2. 影响过滤操作的因素

(1) 过滤方式的选择　过滤方式的选择主要考虑料液黏度、料液中蛋白含量、固体物的形态及物理化学特性、固含量、提取物的浓度、提取物的物化性质与生物学特性等料液本身的特性，又要考虑生产要求，如连续操作与间歇操作，还要考虑环境要求，如无菌操作与带菌操作等。

(2) 过滤介质的特点　过滤过程所用的多孔性介质称为过滤介质，过滤介质应具有多孔性、孔径大小适宜、耐腐蚀、耐热、足够的机械强度等特性。工业上常用的过滤介质主要有织物介质、粒状介质、多孔固体介质和微孔滤膜等。

① 织物介质。饼层过滤主要选用织物介质，又称滤布，包括由棉、麻、丝、毛、合成纤维织成的滤布、滤纸、滤棉饼，以及由玻璃丝、金属丝编织的滤网。一般可截留粒径5μm以上的固体微粒。

② 粒状介质。由砂、木炭等堆积成较厚的床层作为过滤介质，常用的为活性炭粒状介质床层，适用于深层过滤，如制剂用水的预处理。

③ 多孔固体介质。由陶瓷、玻璃、金属、高分子材料等烧结制成的多孔固体过滤介质。可根据需要制成管状或板状，适用于含黏软性絮状悬浮颗粒或腐蚀性混悬液的过滤，一般可截留粒径1～3μm的微细粒子。

④ 微孔滤膜。广泛使用的是由高分子材料制成的薄膜状多孔介质，适用于精滤，可截留粒径0.01μm以上的微粒，尤其适用于滤除0.02～10μm的混悬微粒。微孔滤膜具有孔径均匀、孔隙率高、过滤阻力小、过滤时无介质脱落、没有杂质溶出、滤液质量高等优点，但膜孔易堵塞，料液需先经预滤处理。

(3) 助滤剂的使用　中药浸提液中的混悬颗粒大多数是由有机物构成的絮状悬浮颗粒，形成的滤饼比较黏软，属可压缩滤饼。为减小可压缩滤饼的过滤阻力，常加入助滤剂来改变滤饼结构，以提高滤饼的刚性和孔隙率。

助滤剂是有一定刚性的粒状或纤维状固体，常用的有硅藻土、活性炭、纤维粉、珍珠岩粉等。助滤剂具有化学稳定性，不与混悬液发生化学反应，不溶于液相中，在过滤操作的压力差范围内具有不可压缩的性质。

助滤剂的使用方法有两种：一种是把助滤剂按一定比例直接分散在待过滤的混悬液中，过滤时助滤剂在滤饼中形成支撑骨架，大大减小滤饼的压缩程度，减小可压缩滤饼的滤过阻力。另一种是把助滤剂单独配成混悬液先行过滤，在过滤介质表面形成助滤剂预涂层，然后再过滤滤浆。助滤剂预涂层能承受一定压力而不变形，不仅可防止过滤介质因堵塞而增加阻力，还可延长过滤介质的使用寿命。

(4) 过滤设备的影响　过滤设备种类繁多，对某一生产过程可能有好几种设备适用。此外，生产规模和过程是否连续也影响设备的选型。因此，有人提出应根据物料的过滤特性和模型实验结果，进行技术的综合评价，以便确定一种工艺合理、投资和操作费用经济的设备。

二、过滤操作中的资源分析

1. 过滤操作工艺分析及废弃物产生的特点

在工业规模的过滤操作中，为了使液体以较高的速率通过过滤介质和滤饼层，常需要增大过滤介质两侧压力差，或增加过滤面积。工业上用真空泵使介质一侧的压强低于大气压，以提高压力差，称为真空过滤；另一种方法是在悬浮液一侧加压，同样也能增大压力差，借以提高过滤速率，称为加压过滤；也有将两者结合起来操作，称为真空加压过滤。利用液体在旋转时产生的离心力作为过滤推动力，称为离心过滤。

一般过滤操作，由过滤、洗涤、卸渣等过程组成一个操作循环。首先进行过滤，待过滤终了，滤渣中多少总残留一定量的液体，这需要用另一种液体进行洗涤，以取代这一种液体，这个过程会产生大量的废液。洗涤完毕，进行卸渣操作，药品生产中一些滤渣为产品，但有一些滤渣则为废弃物；在清洗过滤设备时，也会产生大量含有滤渣的废液。

过滤过程中产生的滤液、洗涤液、滤渣和废水中都会含有可回收的有用资源，另外，真空过滤时，会产生大量低沸点的有机溶剂蒸气，也应进行回收，以提高资源利用率。

2. 过滤过程资源回收利用状况及解决途径

在过滤操作中，不同的混悬液、不同的过滤介质、不同的设备，会有不同的废弃物产生。因此，过滤过程资源回收的技术和方法要针对不同的工艺和设备来选择，以下分别举例说明。

实例 1　抗生素生产中废渣的综合利用

抗生素是由微生物（包括细菌、真菌、放线菌属）或高等动植物在生活过程中所产生的具有抗病原体或其他活性的一类次级代谢产物，它是一类能干扰其他生命细胞发育功能的化学物质，具有在低浓度下选择性地抑制或杀灭其他微生物或肿瘤细胞的能力，是人们控制感染性疾病、保障身体健康及防治动植物病害的重要药物。抗生素的生产以微生物发酵法生物合成为主，少数也用化学合成方法生产。

抗生素生产始于第二次世界大战期间，英国、美国科学家在早年 Fleming 发现青霉素的基础上，将玉米浆作为培养基的氮源，建立了深层发酵技术。中国抗生素的研究从 20 世纪 20 年代开始，主要集中在青霉素的发酵、提炼和鉴定上，而生产则始于 20 世纪 50 年代初。近年来，逐渐采用电脑控制发酵，以基因工程技术来提高发酵效价。但是，目前在抗生素的菌种筛选和生产控制等方面仍存在着许多技术难点，从而出现原料利用率低、废水中残留抗生素含量高等诸多问题，造成严重的环境污染和原材料及能源的不必要浪费。

发酵法生产抗生素与化学合成制药有很大不同，发酵法生产要耗用大量粮食，分离过程（特别是溶剂萃取法）要消耗大量有机溶剂。通常每生产 1kg 抗生素需消耗粮食 25～100kg，同时，抗生素生产耗电约占总成本的 75%。

发酵法生产抗生素产生的废渣主要是未消耗的原料和微生物菌体，如豆粉饼、麸质粉和菌体细胞等，发酵液经固液分离后，滤液进一步提取抗生素，滤渣即为废渣。可想而知，将废渣采用填埋或直接排走，不仅占用大量土地，还会严重污染环境，同时还浪费了宝贵的资源。实际上抗生素生产的主要原料为粮食和农副产品，因此，废渣及处理污水的活性污泥都含有较高含量的蛋白质，都是植物所需要的营养成分和有机物，可以生产高效有机肥料或饲料添加剂，因此污泥肥料化并应用在农业上是最佳的最终处置办法。

（1）污水处理产生的活性污泥肥料

① 污泥直接干燥和造粒。该工艺是将未经消化的污泥通过烘干杀灭病菌后，再混合造粒成为有机复合肥。其工艺过程如图 9-6 所示。

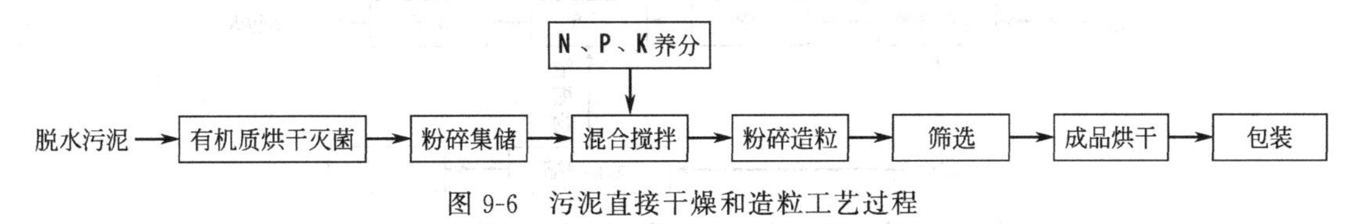

图 9-6　污泥直接干燥和造粒工艺过程

此工艺存在的问题是污泥烘干过程中臭味较大；生产成本控制主要表现在燃料方面，燃料成本比较高。

② 污泥堆肥发酵。污泥经过堆肥发酵后，可使有机物腐化稳定，把寄生卵、病菌、有机化合物等消化，提高污泥肥效。其工艺过程如图 9-7 所示。

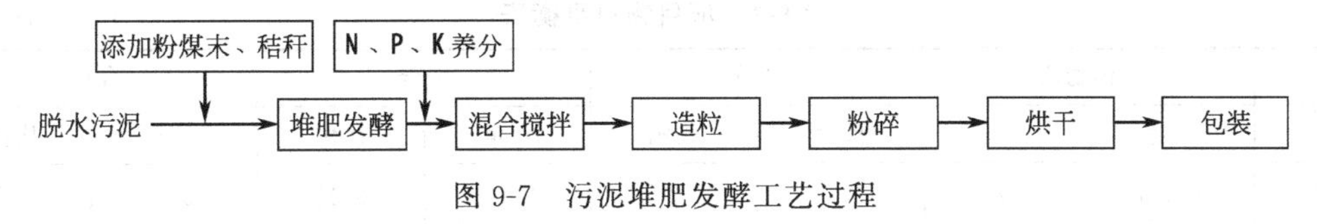

图 9-7　污泥堆肥发酵工艺过程

脱水污泥按 1∶0.6 的比例掺混粉煤灰，降低含水率，然后自然堆肥发酵，并向其中加入锯末或秸秆作为膨胀剂，还可增加养分含量。该工艺优点为恶臭气体产生相对减少，病菌通过发酵过程基本被消除；缺点是占地面积较大。

③ 复合微生物肥料的生产。复合微生物肥料是一种很有应用前景的无污染生物肥料，此类肥料目前主要依赖进口，国内应用与生产刚刚起步。其生产工艺过程如图 9-8 所示。

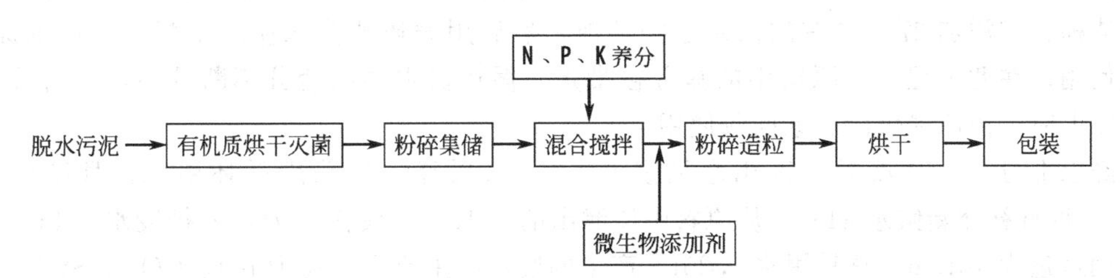

图 9-8　复合微生物废料的生产工艺过程

本工艺与普通工艺并无多大区别，仅在混合部分增加了一个掺混微生物的工序。本工艺中烘干工序为关键，控制不当对有机质及微生物均有一定影响。主要问题为目前微生物添加剂主要依赖技术引进，转让费较高，除臭除尘问题也难以解决。微生物复合肥由于技术含量较高，生产厂家较少，利润空间相对较大。

(2) 利用废渣生产饲料添加剂　某制药有限公司为处理每年的抗生素发酵废渣，筹建了饲料添加剂生产线，取得了明显的综合效益。

① 利用废渣生产饲料添加剂的可行性。新鲜抗生素发酵废渣（含水可达 85%左右），在 25℃以上易受杂菌感染，几小时即开始腐败，因此不宜长久堆放与运输。经对废渣产品（干基）检测，18 种氨基酸含量达平衡，综合营养优于豆粕 1 倍，无残留抗生素、无毒性，通过喂养试验，完全可以作为畜禽及养殖业喂养饲料的高蛋白添加剂。

② 生产工艺流程。新鲜废渣经离心分离机高速脱水后，将滤渣粉碎后经高温气流干燥器干燥，滤液仍含有丰富的营养成分，经减压浓缩后也进入气流干燥器干燥，成品经粉碎后装袋即为产品。其生产工艺过程如图 9-9 所示。

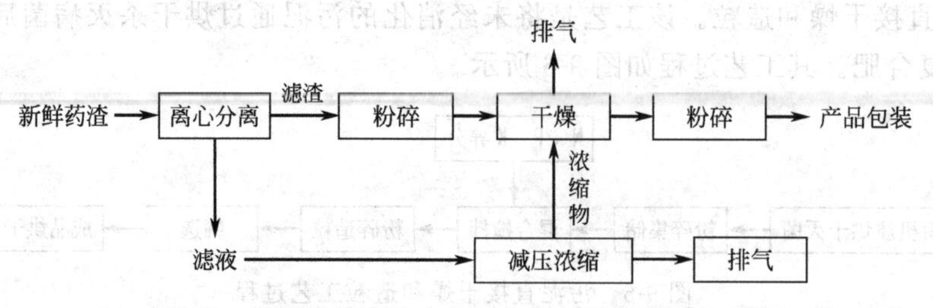

图 9-9　青霉素药渣生产高蛋白饲料添加剂工艺过程

实例 2　酱油过滤过程的资源化

本项目为生产酱渣粕，主原料为豆渣和麸渣，生产过程中不需要添加任何其他原料和辅料。项目物料平衡见表 9-2。

表 9-2　项目物料平衡表　　单位：t/a

项目	固体物质		盐分		水分		合计	
	重量	比例	重量	比例	重量	比例	重量	比例
原料	13376	22.2%	7078	11.7%	39810	66.1%	60264	100%
稀释料	13376	11.7%	7078	6.2%	94047	82.1%	114501	100%
压滤料	13376	29.5%	4768	10.5%	27192	60%	45336	100%
成品	13376	61.9%	4768	22.1%	3456	16%	21600	100%

在压滤工序中，需要将原料稀释便于工艺中使用，往复泵将原料送至压滤机压滤，第一次酱渣稀释需添加 270t 左右的清水于循环池，然后用循环池酱水循环稀释料池中的原料，反复使用。在此过程中，原料中的盐分被带走，循环酱水中的盐分不断升高，当盐分达到 13%以上时，由原料供应厂家回收使用。

经以上分析，本项目厂区用水见表 9-3。项目稀释工序采用循环用水，月循环水量 3706t，每月补充新鲜水 413t，从原料中压滤出的水 152t，损耗 457t，外排废水 108t。检验工序用水量为 10L/d，每月用水 0.25t，产生的废水中主要污染物为 pH、COD、SS 等。

表 9-3　项目水平衡表　　单位：t/a

用水环节	新鲜水	原料中来水	循环水	损耗	废水量	用水量	排水量
压滤	4956	1824	44475	5484	1296	4956	1296
检验	3	0	0	0	3	3	3
生活	8942	0	0	894	8048	8942	8048
总计	13901	1824	44475	6378	9347	13901	9347

第三节　干燥单元操作的资源分析

一、干燥过程

在药厂进行干燥处理的物料有颗粒状、粉末状、块状、针状等固体湿物料，也有胶体、浆液、悬浮液等液体物料。经干燥后，有的物料要求仍保持原来的晶形，有的物料经干燥后对其粒径有一定的要求，有的物料因遇热分解而必须严格控制干燥温度和时间；另外，各种物料的含水量要求也不尽相同。因此，必须针对被干燥物料的不同性质与要求，采用不同的操作方式，选用不同形式的干燥设备进行干燥处理。干燥在药品生产中几乎是不可缺少的一个分离纯化过程，而且往往是工艺过程的最后一步，它直接影响到出厂产品的质量，因此干燥操作在制药生产中占有十分重要的地位。

1. 干燥原理

在工业生产中，利用热能使湿分从固体物料中气化，并经干燥介质（常用空气或惰性气体）带走此湿分的过程，称为热干燥法，简称干燥。例如青霉素、红霉素、螺旋霉素等都是采用热干燥，其应用最普遍，但应尽可能控制较低的干燥温度，以保证药品质量。若采用冷冻方法，将湿物料冷冻成固态，在低温减压条件下，使冰直接升华变成气态而除去的过程，称为冷冻干燥法，简称冻干。例如氨苄青霉素、血液制品和卡介苗等多采用冷冻干燥，冻干可很好地保持药物的活性，适用于热敏性药物或具有生物活性药物的干燥。

干燥是将潮湿的固体、半固体或浓缩液中的水分（或溶剂）蒸发除去的过程。水分分为表面水分、毛细管水分和被膜所包围的水分三种。表面水分又称为自由水分，它不与物料结合而仅附着于固体表面，蒸发时完全暴露于空气中，干燥最快、最均匀。毛细管水分是一种结合水分，如化学结合水和吸附结合水，存在于固体极细孔隙的毛细管中，水分逸出比较困难，蒸发速度慢并需较高温度。被膜所包围的水分，如细胞中被细胞质膜所包围的水分，经过缓慢扩散至膜才能蒸发，最难除去。

被干燥的物质其温度与周围空气的湿度是一个动态的平衡关系，由于大气中含有一定量的水分，因此暴露于大气中的物质是不会绝对干燥的。若使被干燥的物质所含水分低于周围空气中水分，则必须放在密闭的容器中进行干燥，用这种方法可以得到含水量很低的产品。

干燥常常是产品精制过程中最后一个操作单元，由于它要借加热气化的方法来除去水分，因此就要消耗大量的热能。实验表明，用干燥方法排除 1kg 水分的费用比用过滤、压榨等机械方法排除 1kg 水分的费用高十余倍，故在干燥之前，通常都采用沉降、过滤、离心分离、压榨等机械方法使物料先脱去部分水分。

干燥过程和蒸发过程的相同之处是采用加热方法使水分气化，而不同点在于蒸发时液态物料中的水分在沸腾状态下气化，而干燥时被处理的是含有水分的固态物料（有时是糊状物料，有时是液态物料），而且水分大多不在沸腾状态下气化，而是在低于沸点的条件下进行气化。既然被干燥的物料不一定是液态，水分的运动和气化就有可能受到物料层的影响。既然水分未达沸点，其蒸汽压就比周围气体压强小，能否使蒸汽大量排出，就要受到周围气体条件的影响。综合所述，干燥过程实质是在不沸腾的状态下用加热气化方法去除湿物料中所含液体（水分）的过程，这个过程受传热规律的影响，也受水分性质、物料与水分结合特性、水汽运动和转化规律的影响。

在干燥过程中，当热空气流过固体物料表面时，传热与传质过程同时进行，热空气将热量传给物料，物料表面的水分气化进入空气中。由于热空气与物料表面的温度相差较大，传热速率较快；又由于物料表面水分的蒸气压大大超过热空气中的水蒸气分压，故水分气化速度也很快。物料表面的水分气化后，物料内部与表面间形成湿度差，于是物料内部的水分便不断地从中心向表面扩散，然后又在表面气化。随着干燥过程的进行，由于内部扩散速率减慢，微粒表面被蒸干，蒸发面向物料内部推移，一直进行到干燥过程结束。由此可见，干燥过程是传热与传质同时进行的过程。

2. 影响干燥速率的因素

影响干燥速率的因素很多，对于不同种类的物料和干燥条件，影响因素的作用也不相同，到现在为止，还不能够用一般的数学函数关系来表示。影响干燥的主要因素可概括为以下六个方面。

（1）湿物料的性质和形状　是指物料的物理结构、化学组成、形状大小、物料层的厚度、水分结合方式等。

（2）湿物料本身的温度　物料本身的温度越高，干燥速率也就越快。

（3）干燥介质的温度　通常干燥介质温度越高，干燥的速率越快，但干燥介质的温度不可无原则地提高，一般应低于物料的变质温度（如分解、焦化、熔融等）。对于具有生理活性的发酵产品，尤其要注意控制干燥介质温度，以免发生失活现象。干燥介质进口和出口平均温度越高，干燥速率越快，但在实际操作中，不能把干燥介质出口温度提得太高，这是由于过高的出口温度会引起干燥过程的热效率下降。

（4）物料的最初湿含量、最终湿含量和平衡湿含量　当物料与一定温度及湿度的空气接触时，将排出水分或吸收水分，直至物料中的水分含量与空气中的水分含量处于平衡状态，此时物料中所含的水分称为该空气状态下物料的平衡湿含量。物料的最终湿含量越接近于平衡湿含量，干燥速度就越慢。

（5）干燥介质的湿度和流动情况　如果干燥介质是空气，则相对湿度越低，水分气化越快，这种影响对于等速干燥阶段更加明显。加快空气流速可显著提高干燥速率。

（6）干燥介质和被干燥物料的接触情况　各种类型的干燥器，其干燥介质与湿物料的接触方式不尽相同，使得干燥速率有较大差异，接触面积越大，干燥速率越快。

3. 热干燥工艺过程

热干燥工艺由加热系统、原料供给系统、干燥系统、除尘系统、气流输送系统和控制系统组成。由于干燥设备不同，干燥工艺差别很大，下面介绍几种药厂常见的干燥工艺。

（1）厢式干燥工艺　干燥操作时，空气由风机送入预热器加热至一定温度，然后从干燥箱（室）内多层盘上的湿物料表面流过，湿分气化后由空气带走，物料被干燥。由于厢内被干燥的物料是静止的，物料同气流间的接触面积小，使干燥速率较低，干燥时间较长，而且干燥产品的含湿量不太均匀。另外，厢式干燥器的生产能力较小，热利用率差，但其设备结构简单，工艺适应性强，各种状态的物料均可用它干燥，因此在制药工业中应用较广。

（2）喷雾干燥工艺　喷雾干燥是将溶液、浆液或悬浮液等物料喷成雾状细滴而均匀分散于热气流中，使湿分迅速蒸发，达到干燥的目的。喷雾干燥工艺流程示意图如图 9-10 所示。

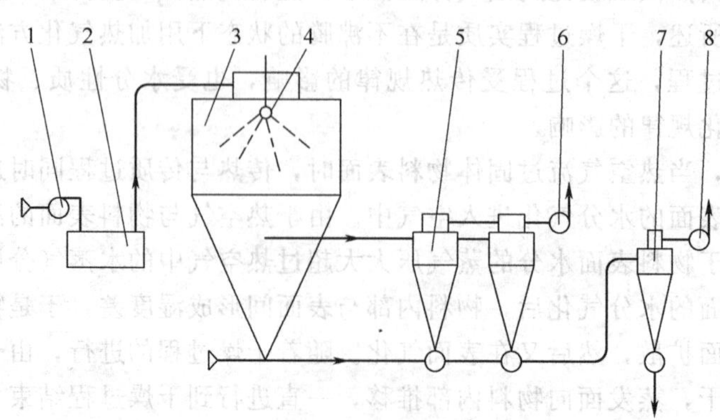

图 9-10　喷雾干燥工艺流程示意图

1—鼓风机；2—空气加热器；3—喷雾干燥塔；
4—雾化器；5,7—旋风除尘器；6,8—抽风机喷雾干燥工艺由液体雾化器、干燥塔、热风系统和气固分离系统组成。雾化器将物料分散成微小的液滴，在干燥塔内，微小的液滴被干燥介质加热，湿分气化而物料被干燥，经气固分离得到干燥产品。

喷雾干燥工艺中，由于喷出的液滴均匀分散在热的干燥介质中，传热、传质面积较大，因此干燥时间很短（一般为5～10s），干燥速率非常快，常用于热敏性和易分解物料的干燥；而且，获得的干物料呈粉末状态（一般为30～500μm的粒状产品），无需再经粉碎处理。另外，在喷雾干燥工艺中可同时完成造粒、干燥及固体物料的分离等一系列过程，因而在药品生产中得到广泛应用，如链霉素、庆大霉素和中药提取浓缩液的干燥等，但喷雾干燥设备尺寸大，热能和机械能消耗大。

(3) 双锥真空干燥工艺　双锥真空干燥工艺示意图如图9-11所示，干燥器为一个双锥形、带有夹套的回转罐体，内胆采用不锈钢或工业搪瓷制成，罐体的夹层中通入蒸汽或热水，用于提供湿分气化所需的热能。干燥时罐体低速回转，同时通入加热剂，固体物料在其内部不断被翻动，从而使物料受热均匀，湿分不断气化，气化的湿分被真空装置抽走，同时降低了罐内的压力，湿分沸点降低，干燥速率提高。

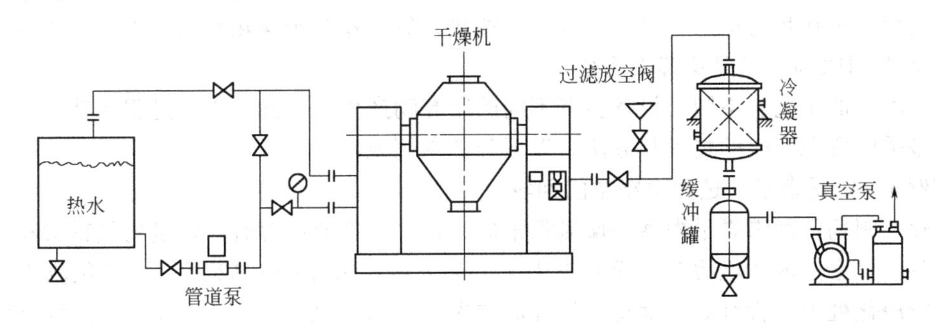

图9-11　双锥真空干燥工艺示意图

双锥真空干燥工艺具有结构紧凑、运转平稳、操作简便、热利用率高、易于清洗消毒、便于回收溶剂、动力消耗小等特点，既适合工业原料粉的干燥，又适合无菌粉的干燥。由于在真空状态下操作，不仅干燥温度较低，适用于热敏性药物的干燥，而且干燥产品的含水量可以降到很低，能满足药品质量的要求。另外，在密闭条件下进行干燥，对易氧化药品的干燥非常有利，同时还可回收有机溶剂或有毒气体，减少对环境的污染，因此，在青霉素等抗生素类药品生产中应用较多。

二、干燥操作中的资源分析

1. 干燥操作中产生的废弃物特点

(1) 干燥生产工艺流程分析

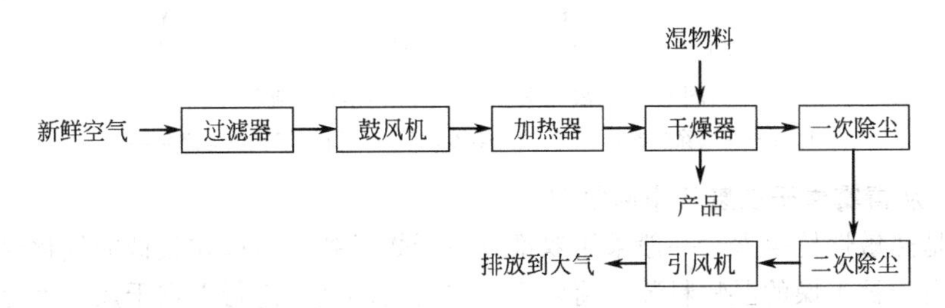

(2) 干燥操作中产生的废弃物特点

① 干燥中排放的废气。目前工业上以新鲜热空气为干燥介质的对流干燥应用较为广泛，

干燥介质既是载热体又是载湿体，在干燥后，湿空气作为废气从引风机排出。作为载热体，废气仍具有较高的热能，直接排放将浪费很多热能，增大能源成本。作为载湿体，废气中含有部分溶剂蒸气或水汽，若直接排放，不仅会造成溶剂损失，成本增高，还可能造成环境污染。

采用不同的加热设备，可考虑将排出的废气加以回收利用。如采用箱式干燥器或烘房加热，在物料干燥快要结束时，水分气化最慢，热空气的增湿也慢，这时几乎可以不必进新鲜空气，全部用循环的气流进行干燥。

② 干燥中产生的细粉物料。热空气流过物料进行干燥时，一部分被干燥的物料微粒会随废气排出，必须采取措施回收废气中夹带的物料微粒。如气流干燥器进行干燥后，干燥制品由旋风分离器分离收集，废气由风机抽出，在排废气前加一道布袋过滤器，以收集旋风分离未能收尽的物料细粉。

③ 干燥中的能源消耗。干燥操作是一个能量消耗较大的单元操作，因此，在操作过程中尽可能将热能加以回收利用，以降低能耗。如喷雾干燥设备系统，其特点为喷雾室壁面为夹套，在夹套中有冷空气流过，以冷却干燥室的壁面，防止物料黏结在高温壁面上，不易回收。在夹套中被加热的冷空气可以再经过滤加热，然后作为干燥热空气，以节省能耗。

2. 资源回收利用状况及解决途径

采用不同的工艺、不同的设备会有不同的废弃物产生，因此，干燥过程要针对不同的工艺和设备采取资源回收的技术和方法，以下分别举例说明。

实例 1　氯霉素干燥过程中粉末的回收

某化学制药厂用沸腾干燥器干燥氯霉素成品，排出气流中含有一定量的氯霉素粉末，若直接排放不仅会造成环境污染，而且损失了产品。该厂采用图 9-12 所示的净化流程对排出气流进行净化处理。含有氯霉素粉末的气流首先经两只串联的旋风除尘器除去大部分粉末，再经袋式除尘器滤去粒径较小的细粉，未被袋式除尘器捕获的粒径极细的粉末经鼓风机出口处的洗涤除尘器而除去。这样不仅使排出尾气中基本不含氯霉素粉末，保护了环境，而且可回收一定量的氯霉素产品。

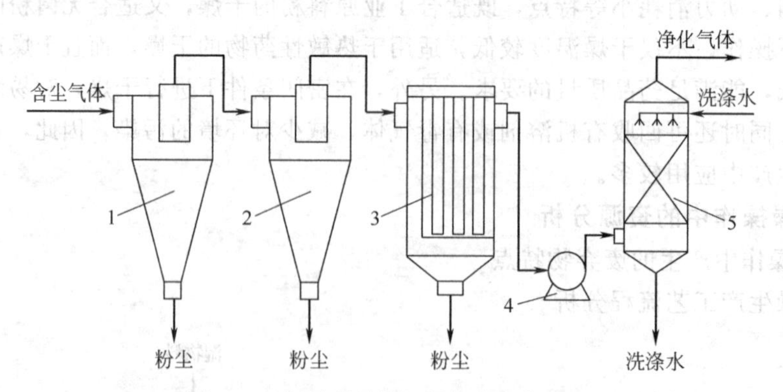

图 9-12　氯霉素干燥工段气流净化流程

1，2—旋风除尘器；3—袋式除尘器；4—鼓风机；5—洗涤除尘器

实例 2　从青霉素干燥废气中回收溶剂

青霉素是热敏性抗生素，一般采用双锥真空干燥设备，可以在较低的气化温度下除去水分和溶剂。由于被干燥的湿物料装入筒内后，在密闭环境下进行真空干燥，因此废气在真空作用下，经旋风分离器除去青霉素细粉后，再经冷凝器降温，使溶剂蒸气冷凝为液体而得到回收。

实例 3　头孢菌素 C 锌盐晶体干燥废气中丙酮的回收

医药生产中常用到过滤、洗涤、干燥三合一设备。头孢菌素 C 锌盐结晶后，首先进行过滤分离，滤饼采用丙酮-水混合溶剂进行洗涤，洗涤完成后打开氮气吹滤饼 15～20min，尽可能多地吹除湿分。二次洗涤时，观察流出的丙酮溶液，若有颜色或浑浊，则需加洗一次丙酮；若丙酮呈无色透明状，可进行冷吹操作。

冷吹时开启氮气阀门，通过氮气吹除滤饼中的丙酮，从而使滤饼中的大部分水分被丙酮带走，使干燥时间缩短，减少长时间加热对锌盐的不良影响。冷吹要适当，若丙酮被过量吹除，干燥时会因滤饼中丙酮含量过少不足以带走剩余水分而导致难干燥，延长烘烤时间，使锌盐色级加深，含量降低，杂质增多。为了加强冷吹效果，加快生产进度，可在开始冷吹时即向三合一夹套打入 40～50℃的热水，经过 1h 后将热水温度升至 60℃左右。

在冷吹一段时间后，从三合一人孔观察，当发现滤饼表面布满龟裂，下面的锌盐呈明显干燥状时，表明上层锌盐已比较干了。为了加强下层锌盐的吹除效果，提高冷吹效率，即可启动三合一油泵马达，驱动搅拌桨下降并搅动锌盐滤饼表面的龟裂，当龟裂完全粉碎后调整搅拌下降速率，使搅拌平稳下降搅动锌盐上层较干燥的部分，同时继续吹氮气。当计算氮气从冷吹开始已吹一定时间后即停止吹氮气，及时将系统改为干燥阶段。

在结晶岗位，每批锌盐的生产都要使用大量丙酮，并且抽滤、洗涤、冷吹、干燥均为真空状态，丙酮的挥发严重，不仅提高了锌盐成本，而且造成环境污染。图 9-13 为真空泵排气丙酮吸收系统示意图，这套吸收设备，可有效吸收真空泵排气中含有的丙酮，降低丙酮损失量，减少环境污染，节约生产成本。

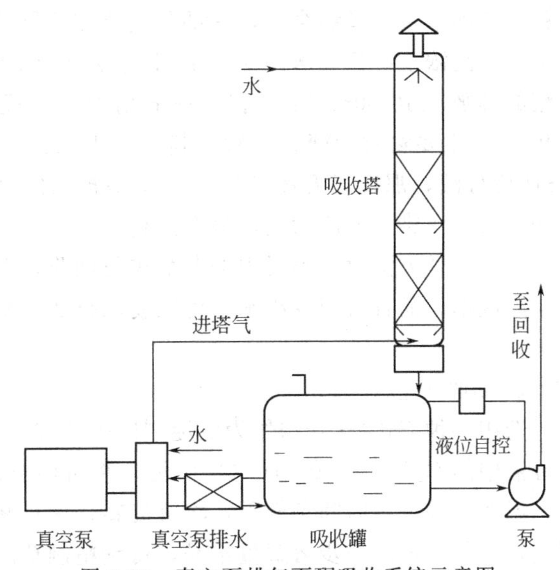

图 9-13　真空泵排气丙酮吸收系统示意图

三、干燥操作中资源回收与利用项目训练

（一）干燥操作实训目标要求

1. 掌握干燥操作资源回收的原理、方法和基本操作。

2. 学会进行干燥操作资源回收利用的综合分析。

（二）干燥实训方案设计与能力培养

1. 教师结合本院校的实训设施情况，选定实训题目，提出具体实训要求。

2. 学生查找被干燥物料的特性数据、常用干燥工艺及方法、干燥器类型及适用范围，以培养学生查阅资料、收集信息的能力。

3. 在教师的指导下，对可回收资源进行初步分析，选定回收方法，确定回收操作条件和数据测定方法，以培养学生的计算能力和回收方案的设计能力。

4. 制订实训计划，列出所用仪器、物品的型号和数量，组装实训装置，做好实训前的准备工作，以培养学生制订计划和组织安排的能力。

5. 在实训操作过程中，注意观察现象，随时记录有关数据，并对操作过程进行分析思考，及时发现和处理实训过程中的问题，以培养学生善于观察、实事求是的工作态度，加强学生动手能力的训练。

6. 对实训数据进行处理，编写实训报告，要注重分析和操作过程的总结，以加强学生编写技术报告能力的训练，培养学生运用学过的理论知识分析解决实际问题的能力。

第四节 资源回收实例

一、土霉素生产废液中的资源回收

在土霉素生产工艺中，为了提高发酵液的质量及其过滤后土霉素的收率，改善过滤条件，需对发酵液进行必要的预处理，即向发酵液中加入一定量的草酸，并将其 pH 调至 1.75～1.85，草酸可起凝固蛋白、释放菌丝内土霉素的作用。另外，草酸可与发酵液中的 Ca^{2+} 结合，形成溶解度很小的草酸钙沉淀，然后将其滤除。加入的草酸除了部分同发酵液中钙、镁离子及菌丝结合外，一部分仍留在废母液中被排放掉，此过程排放的废液（土霉素废水）为高浓度有机废水，生产 1t 土霉素要产生约 $120m^3$ 的废母液，年产 150t 土霉素，废母液的排放量达 $60m^3/d$ 左右。一般情况下，废母液的 COD 达 4000～4300mg/L，造成 COD 高的主要物质为糖和草酸，其次是土霉素，草酸含量平均 9300mg/L。如果每天排放 $60m^3$ 废母液，那么每天就有 0.5t 的草酸被白白放掉。随着国内环保要求的日趋严格，回收草酸，减少污染，变废为宝，势在必行。

采用化学方法对土霉素中的草酸进行回收，并将其回用于生产，这样不但可降低土霉素的生产成本，而且可减少废水中污染物的排放，减轻环境污染，具有一定的环境效益和经济效益。

1. 回收工艺

选用一种 Ca^{2+} 化合物作为沉淀剂回收草酸，其工艺过程如图 9-14 所示。Ca^{2+} 化合物与废母液中的 $C_2O_4^{2-}$ 生成 CaC_2O_4 沉淀，将沉淀分离，加入一定浓度的硫酸，在适当的固液比、温度、酸度、时间条件下，将沉淀转化为草酸母液，进行过滤。将得到的滤液浓缩后冷却进行结晶，再进一步溶解重结晶，得到精制草酸。该沉淀剂价格便宜，沉淀颗粒较大，易过滤，酸化时泡沫较少，所得的粗草酸较白，易提纯。

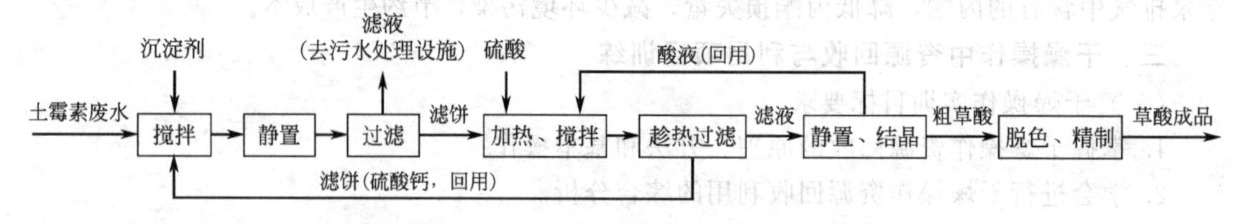

图 9-14 从土霉素废水中回收草酸的工艺过程

2. 工艺过程中的影响因素

(1) 沉淀剂的选择 可以采用氢氧化钙或硫酸钙作为沉淀剂，回收率均较高，而且产生的副产品硫酸钙可以回收套用，节约原材料费用。但这两种方法都存在物料酸性大，设备腐蚀严重的问题，有待解决。

(2) 草酸钙沉淀的生成 在土霉素母液中加入钙离子化合物，反应式如下：

$$H_2C_2O_4 + Ca^{2+} \longrightarrow CaC_2O_4 \downarrow + 2H_2O$$

相同的钙盐加入量、反应时间、加入方式对生成 CaC_2O_4 的影响见表 9-4。从表中可知，采用第四组方案所得 CaC_2O_4 沉淀量最多。

表 9-4 相同的钙盐加入量、反应时间、加入方式对生成 CaC_2O_4 的影响

编号	废母液量/ml	钙离子物加入量/g	搅拌时间/min	加入方式	甩干后沉淀量/g
1	1000	15	13	一次加入	33.2
2	1000	15	25	一次加入	34.4
3	1000	15	38	一次加入	33.2
4	1000	15	25	每 5min 加 4g	36.3

(3) 草酸的生成　取所得 CaC_2O_4 15g，加入 23ml 硫酸加热搅拌，发生下列反应：

$$CaC_2O_4 + 2H^+ \longrightarrow Ca\text{沉淀物} + H_2C_2O_4$$

表 9-5 列出了温度对沉淀转化反应的影响。从表中可看出，草酸的溶解度随温度的升高而增大，而钙沉淀物的溶解度随温度变化不大，反应在加热条件下有利于 $H_2C_2O_4$ 的分离。

表 9-5 温度对沉淀转化反应的影响

温度/℃	10	20	30	40	50	60
钙沉淀物	0.1928	0.2690	0.2097		0.1974	0.1966
草酸	6.08	14.3	21.5	31.4	65	84.5

注：表中数据为 100g 水中所含的量，g。

3. 结果与讨论

从实验可知 60m^3 的土霉素废母液，间歇式定量加入 900kg 钙离子化合物，将过滤所得的草酸钙沉淀在 60℃条件下搅拌加入 3.6m^3 的硫酸，反应充分后，过滤、冷却结晶得粗草酸，总回收率可达 80%以上。草酸母液可循环使用，不仅降低了反应成本，还提高了草酸的收率，得到的草酸（含量为 98%）可直接用于土霉素生产，不影响土霉素产品质量。

目前，该方法已实现工业化。年产 150t 土霉素厂每年可回收草酸 100t，经济效益 36 万元（按 3600 元/t），减去成本 2500 元/t，年利润达 11 万元。以上设备投资也不过 10 万元，一年可回收投资。更重要的是年产 150t 土霉素厂每年可减少 100t 草酸的排放，减少了污染，社会效益显著。

二、氯霉素生产废液中的资源回收

在氯霉素合成中会产生含氯苯（1）和对硝基苯乙酮［（2）简称对酮］等有机化合物的废液，现行的回收方法不够合理，需要改进。本方法为常温下将废液中的甲醛缩二乙醇（3）酸解成可溶于水的甲醛（4）及乙醇（5），以达到与不溶于水的 1 及 2 分离的目的，2 随 1 一起回收，水相经蒸馏重新合成 3，将其回收。

1. 资源回收方法

(1) 废液的酸解及 1、2 的回收　在氯霉素生产废液中，3 的含量为 75%～80%，1 的含量为 10%～15%，其他为 5、4、2 及水不溶物等。当用一定量的酸溶液与该废液混合时，废液中的 3 逐渐分解，生成的 4 和 5 进入水相，与 1 和 2 分层。3 分解的完全程度与加酸量有关，为了降低耗酸量，可采用多级错流酸解方式，多选用盐酸和硫酸进行酸解。

① 硫酸酸解。取工厂废液 50ml，置于带塞的三角瓶中，采用多级错流方式酸解。每次加入硫酸液（1∶1）5ml，搅拌 5min 后分相，将水相另行收集在一起。测量有机相体积。随着酸液的加入，3 不断分解，有机相体积不断减少，直至有机相体积不再改变，且有机相由原来的在水相之上方（因 3 与 1 混合物的密度小于酸液密度）转到水相之下方（1 密度大于酸液密度），即表明 3 已完全分解。最后，有机层再用酸液和水各洗涤一次，经无水氯化

钙干燥，即得到回收的1和2。

结果表明，废液50ml通过八级错流酸解，总加酸量为40ml（相当于每分解1ml废液需加酸液0.8ml），可将废液中的3分解完全，回收液25.5ml，占原废液体积的11%。经气相色谱分析，回收的1纯度达98%以上。

② 盐酸酸解。方法同上。结果表明，废液50ml通过四级错流酸解达到分解完全，盐酸液总用量为90ml（相当于每分解1ml废液需加酸液1.8ml），回收液15.0ml，占原废液体积10%，经气相色谱分析，回收的1纯度达98%以上。

比较硫酸酸解和盐酸酸解结果后，确定采用盐酸酸解，这是由于在蒸馏回收3过程中，5和硫酸会发生酯化反应，生成硫酸氢乙酯，同时，由于硫酸浓度较高，在加热条件下，酸解液中的有机物杂质被氧化，致使蒸馏后的残酸变成深褐色，无法套用，而盐酸不会出现上述问题，但其缺点是腐蚀性较强，故需用耐酸设备。

（2）酸解液的蒸馏及3回收　本回收技术利用了3的逆向反应（分解）回收了1，再利用其正向反应（合成）回收3。当酸解液加热蒸馏时，脱离水相的4和5蒸汽在其所夹带的微量HCl的催化下，重新又合成3，经冷凝液化后得以回收。取废液300ml进行酸解，将所得酸解液进行常压蒸馏，70℃时开始馏出，收集70～90℃的馏分（3的沸点为89℃，与水共沸点为75℃），即得。

2. 酸解法分离回收1、2及3的工艺流程

在上述研究的基础上，确定酸解法从氯霉素生产废液中分离回收1、2及3的工艺流程，如图9-15所示。

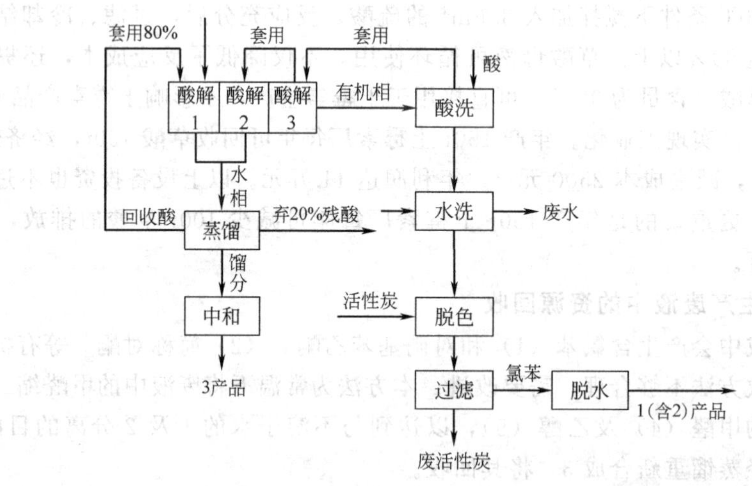

图9-15　酸解法回收1、2及3的工艺流程

3. 操作要点

（1）酸解　采用HCl（1∶1）进行三级错流酸解，第一级初始投料体积比为酸/废液＝1.5∶1，第二、第三级加酸量均为第一级的1/5。每级酸解搅拌时间为1min，第一、第二级酸解液用于下步蒸馏，第三级酸解液返回下次酸解第二级。经三级酸解后所得有机相再用1倍体积的HCl（1∶1）洗涤一次，洗涤酸返回下次酸解第三级。酸洗后的1再用2倍体积水洗涤2次，然后加入4%～5%（质量）的活性炭，搅拌1h，经过滤得淡黄色1（含2），最后再脱水干燥即得到合格产品。从第二次酸解开始，在第一级套用蒸馏后的残酸，套用酸体积与初始投料酸体积相同。

（2）蒸馏　将第一、第二级酸解液合并后进行常压蒸馏，在馏分收集器中预先加入中和

所需的30%碱液，收集柱顶温度70～90℃区间的馏分，中和后分相，即得到产品3。蒸馏后的残酸用于下次酸解。

三、抗生素生产污水中的资源回收

某环保工程有限公司的抗生素生产污水综合治理技术，成功应用于多家制药企业，该技术与处理工艺先进，资源化利用率及自动化程度较高，综合处理费用较低，社会及环境效益显著。在南阳普康集团第二制药厂建成的日处理量1000m^3/d庆大霉素和麦白霉素废水治理工程，采用气浮、厌氧水解、升流式厌氧污泥床、流化床等工艺单元，处理后的水质经环境监测站监测，全部达到国家规定的排放标准，全年综合回收利用价值287万元，其中麦白霉素药渣每年回收约60万元，庆大霉素压滤废渣作饲料每年约73万元，溶剂回收每年约73万元，沼气回收利用每年约55万元，另外厌氧污泥泥饼可用作肥料，实现了资源回收和综合利用。

思 考 题

1. 结晶操作可能产生哪些废液？

2. 过滤操作可以回收哪些资源？

3. 干燥操作中产生的废弃物包含哪些可以回收利用的资源？

4. 分析比较各资源回收与综合利用的实例，概括总结出回收方案的设计、实施、评价工作过程。

参 考 文 献

[1] 李群，代斌．绿色化学原理与绿色产品设计．北京：化学工业出版社，2008.
[2] 郭斌，刘恩志．清洁生产概论．北京：化学工业出版社，2005.
[3] 奚旦立．清洁生产与循环经济．北京：化学工业出版社，2005.
[4] 邓南圣，吴锋．工业生态学——理论与应用．北京：化学工业出版社，2002.
[5] 朱慎林，赵毅红，周中平．清洁生产导论．北京：化学工业出版社，2001.
[6] 钱汉卿．化工清洁生产及其技术实例．北京：化学工业出版社，2002.
[7] 劳爱乐，耿勇．工业生态学和生态工业园．北京：化学工业出版社，2003.
[8] 张凯，崔兆杰．清洁生产理论与方法．北京：科学出版社，2005.
[9] 周中平，赵毅红，朱慎林．清洁生产工业及应用实例．北京：化学工业出版社，2002.
[10] 李德华．绿色化学化工导论．北京：科学出版社，2005.
[11] 赵玉明．清洁生产．北京：中国环境科学出版社，2005.
[12] 郭斌，庄源益．清洁生产工艺．北京：化学工业出版社，2003.
[13] 罗宏，孟伟，冉圣宏．生态工业园区——理论与实践．北京：化学工业出版社，2003.
[14] 贡长生，张克立．绿色化学化工实用技术．北京：化学工业出版社，2002.
[15] 张一刚．固体废物处理处置技术问答．北京：化学工业出版社，2006.
[16] 胥维昌．农药废水处理．北京：化学工业出版社，2000.
[17] 杨中艺．清洁生产案例分析．北京：中国环境科学出版社，2005.
[18] 郭斌，刘恩志．清洁生产概论．北京：化学工业出版社，2005.
[19] 汪大翚，徐新华．化工环境保护概论．北京：化学工业出版社，1999.
[20] 孙英杰，赵由才．危险废物处理技术．北京：化学工业出版社，2006.
[21] 赵勇胜，董军，洪梅．固体废物处理及污染的控制与治理．北京：化学工业出版社，2008.
[22] 王凯军，秦人伟．发酵工业废水处理．北京：化学工业出版社，2000.
[23] 徐惠忠，王德义，赵鸣．固体废弃物资源化技术．北京：化学工业出版社，2004.
[24] 李培红，张克峰，王永胜等．工业废水处理与回收利用．北京：化学工业出版社，2001.
[25] 陈玲，赵建夫．环境监测．北京：化学工业出版社，2008.
[26] 杨永杰．环境保护与清洁生产．第 2 版．北京：化学工业出版社，2008.
[27] 曾凡刚．大气环境监测．北京：化学工业出版社，2003.
[28] 迟长涛．空气监测技术问答．北京：化学工业出版社，2006.
[29] 程迪．农药生产节能减排技术．北京：化学工业出版社，2009.
[30] 黄素逸．节能概论．武汉：华中科技大学出版社，2008.
[31] 周伟国．能源工程管理．上海：同济大学出版社，2007.
[32] 徐兵．一种青霉素的提纯方法 [P]．中国专利：1432572，2002-01-04.
[33] 吴登泽，林福亮，钟为慧．头孢活性酯生产废液中回收三苯基氧膦和 2-巯基苯并噻唑 [J]．化工生产与技术，2008，15 (4)：39-43.
[34] 李十中，王淀佐，胡永平．抗生素提取过程中溶剂萃取技术新方法——超滤/萃取法 [J]．中国抗生素杂志，2000，25 (1)：12-15.
[35] Adikane H V，Singh R K，Nene S N. Recovery of penicillin G from fermentation by microfiltration [J]．J. Membr. Sci,．1999，162：119-123.